Denkanstöße '96

Serie Piper
Band 2146

Zu diesem Buch

»Denkanstöße '96« – das ist der zwölfte Band dieser Folge, in der zentrale Texte aus dem Wissenschafts- und Sachbuchprogramm des Piper Verlags vorgestellt werden. Ziel dieses Lesebuchs ist es, neue Erkenntnisse aus den Wissenschaften zu vermitteln, in neue Themen aus Politik und Gesellschaft einzuführen. Die Leser sollen zum Weiterlesen und Weiterdenken eingeladen und angeregt werden. Mit Beiträgen aus Geschichte, Politik, Philosophie, Theologie, Psychologie, Musik sowie verschiedenen naturwissenschaftlichen Disziplinen ist der Band zugleich Spiegel eines vielfältigen Verlagsprogramms.

Die 36 Autoren sind Wissenschaftler, Publizisten, Politiker und Künstler von Rang. Mit ihren Büchern möchten sie ein geistig interessiertes, ein neugieriges Publikum erreichen. Die 31 Texte wurden von der Herausgeberin vier Themenbereichen zugeordnet: Realität des Menschseins – Leben und Überleben; Die Welt begreifen – Erkenntnis und Deutung; Vom Umgang mit der Welt – verantwortliches Handeln als Chance; Miteinander/gegeneinander – Umbrüche und Übergänge.

Heidi Bohnet-von der Thüsen, geboren 1940 in Berlin, Studium der Philosophie und Germanistik in München, Promotion 1969, danach Lektorin in verschiedenen Verlagen, lebt in Bonn. Sie ist Herausgeberin der bisherigen elf »Denkanstöße« und Mitherausgeberin von »Lust am Denken« (SP 1610).

Denkanstöße '96

Ein Lesebuch aus Philosophie,
Natur- und Humanwissenschaften

Herausgegeben von
Heidi Bohnet-von der Thüsen

Piper
München Zürich

ISBN 3-492-12146-2
Originalausgabe
September 1995

Umschlag: Federico Luci
Gesamtherstellung: Clausen & Bosse, Leck
Printed in Germany

Inhalt

Vorbemerkung 7

I. REALITÄTEN DES MENSCHSEINS –
LEBEN UND ÜBERLEBEN

Elisabeth Badinter: Die Revolution der Väter 11
Christiaan Barnard: Leben 19
Carolyn P. Cowan / Philip A. Cowan: Alkoholprobleme 22
George Eisen: Ghettospiele 25
Heiko Ernst: Das ultradiane Streßsyndrom 31
Friedrich Graffe / Helmut Braun: Wir alle werden älter 39
Dalma Heyn: Keine Worte für diese Liebe 42
Gidon Kremer: Lernen, lernen und nochmals lernen 48
Jean Ziegler: Was ist der Tod? 54

II. DIE WELT BEGREIFEN –
ERKENNTNIS UND DEUTUNG

Hannah Arendt: Ein neues Geschichtsbewußtsein 56
Claus Helmut Drese: Das Zürcher »Ring«-Konzept 61
John C. Eccles: Die Einzigartigkeit eines jeden Selbst 64
Ernst Mayr: Evolutionärer Fortschritt ohne Endzwecke 67
Ilya Prigogine / Isabelle Stengers: Was heißt es,
die Welt zu »verstehen«? 72
Volker Sommer: Meme sind denkbar 76

III. VOM UMGANG MIT DER WELT –
VERANTWORTLICHES HANDELN
ALS CHANCE

Franz Alt: Der Autokrieg 83
Roland Berger / Hans-Gerd Servatius: Erfolgsfaktor
Öko-Kaizen 92

Robin Clarke: Wenn es an Eimern fehlt 95
Monika Griefahn/Catarina Felixmüller: Umdenken 102
Kenneth S. Norris: Kampf dem Delphinsterben! 109
Martin Runge: Objektivität durch Umweltbilanzierung? 113
Johano Strasser: Humanisierung der Arbeit – die ungenutzte Chance 118
Ernst-Ludwig Winnacker: Das Genomprojekt und die Folgen 124

IV. MITEINANDER/GEGENEINANDER – UMBRÜCHE UND ÜBERGÄNGE

Masao Abe: Menschenrechte im Buddhismus 130
Irenäus Eibl-Eibesfeldt: Vielfalt – Basisstrategie des Lebens 137
Wolfgang Fikentscher: Die Demokratie und die kulturellen Denkarten 143
Jörg Friedrich: Kein Recht auf Widerstand 151
Hans Küng: Die problematischen Ergebnisse der lutherischen Reformation 156
Rudolf Scharping: Grundlagen der Freiheit festigen 162
Thomas Schmid: Der neue alte Rechtsradikalismus 169
Christian Schmidt-Häuer: Die verlorene Idee von der Ordnung der Dinge 178

Quellennachweis 187
Die Autoren 190

Vorbemerkung

Im 12. Jahr legt der Piper Verlag mit den »Denkanstößen '96« einen Überblick über das Wissenschafts- und Sachbuchprogramm vor – diesmal für die Jahre 1993/94. Zwei umfangreichere Teile I und IV, die sich mit wichtigen Aspekten der Conditio humana – des einzelnen Menschen wie der Gemeinschaften – befassen, bilden die Eckpfeiler, zwischen denen die beiden kleineren Abschnitte II und III stehen – über die »Welt«, so wie wir sie verstehen und wie wir mit ihr umgehen (sollen).

Grundfragen menschlicher Existenz spielen in Teil I »Realitäten des Menschseins – Leben und Überleben« eine Rolle: Leben und Tod (Barnard, Ziegler), das Altwerden (Graffe/Braun), die Funktion von Kinderspielen im Ghetto (Eisen), die Auswirkungen von Streß auf den Menschen (Ernst) sowie von Alkoholismus auf Familien in der Generationenfolge (Cowan/Cowan). Es geht um die prägenden Erlebnisse der Schulzeit (Kremer), um die Sprach-losigkeit von Frauen, die über ihre sexuellen Gefühle sprechen wollen (Heyn), und um die Auswirkungen der »Revolution der Väter« auf das Familiengefüge und die Rollenverteilung (Badinter).

Der II. Teil »Die Welt begreifen – Erkenntnis und Deutung« spiegelt eine Vielzahl von Verstehensansätzen wider. Da unser Denken und Erkennen geprägt ist von kulturellen Einflüssen, gibt es viele Wege, die Welt zu verstehen. Das gilt für die Physik ebenso (Prigogine/Stengers) wie für die Geschichte (Arendt), für die Philosophie im Verbund mit der Hirnforschung, bei der es hier darum geht, die Einzigartigkeit des menschlichen Bewußtseins zu erkennen (Eccles), oder auch für die Kunst: In Wagners »Ring« erfassen wir wie in einer Parabel die Vergänglichkeit des Menschengeschlechts, zu interpretieren als Apokalypse oder als Beginn eines neuen Schöpfungszyklus (Drese).

Evolution ist das Thema zweier weiterer Beiträge. Die biologische wird auf ihre Zweckgerichtetheit hin untersucht (Mayr), die kulturelle Evolution unter der These betrachtet, daß die Meme, analog den Genen im Gen-Pool, als Replikatoren im Gehirn-Pool der Menschheit für die Verbreitung von Ideen und Gedanken sorgen (Sommer).

Teil III »Vom Umgang mit der Welt – verantwortliches Handeln als Chance« widmet sich Problemen, die – westlichem Denken entstammend – aus der Trennung zwischen Natur und Kultur entstanden sind. Um diese Trennung aufzuheben, müssen wir umdenken (Griefahn/Felixmüller), erst dann sind Verbesserungen möglich: durch die Beseitigung der »Autofalle« mit Hilfe sinnvoller Verkehrssysteme (Alt), durch eine effektivere Müllverwertung (Runge), mit der Humanisierung der Arbeit (Strasser), durch erhöhte Beachtung des Wasserproblems (Clarke), durch den Kampf gegen die Ausrottung der Delphine, die beim Thunfischfang als »Wegweiser« benutzt und mitgetötet werden (Norris), ebenso wie durch die verantwortungsvolle Nutzung der Gentechnik (Winnacker).

Möglicherweise kann uns bei unseren Rettungsversuchen eine Art »Öko-Kaizen« helfen, der Prozeß schrittweisen Verbesserns, den man von den Japanern lernen kann (Berger/Servatius).

Der IV. Teil »Miteinander/gegeneinander – Umbrüche und Übergänge« behandelt gesellschaftliche und geschichtliche Themen. Vielfalt als Grundstrategie allen Lebens – immer mit Abgrenzung und Selbstbehauptung der einzelnen Gruppen einhergehend (Eibl-Eibesfeldt) – gilt auch für die Spielarten menschlicher Gemeinschaften, unter denen die Demokratie bei weitem nicht die einzige, wenn auch für uns die wichtigste ist (Fikentscher). Entsprechend unterschiedlich ist das Verständnis von »Menschenrechten« in den Religionsgemeinschaften, wobei hier exemplarisch die buddhistische Form erörtert wird (Abe). Da wir jedoch die Demokratie für unverzichtbar halten, müssen wir ihre Grundlagen schützen (Scharping), damit nicht der neue alte Rechtsradikalismus wieder an Boden gewinnt (Schmid).

Häufig verlaufen gerade Bewegungen, die der Freiheit zum Durchbruch verhelfen sollen, nicht so, wie es sich ihre Urheber gewünscht haben: Luthers Reformation zum Beispiel führte zur inneren Spaltung und brachte die Protestanten in neue Abhängigkeiten (Küng). In »rechtloser Freiheit«, also schlicht unfrei, scheint heute der Umsturz in der ehemaligen UdSSR zu enden

(Schmidt-Häuer). Und Rechtlosigkeit und Unfreiheit ist auch das Schicksal der Zivilbevölkerung in Kriegen – in ungekanntem Maße im Zweiten Weltkrieg, nachdem der Krieg zum totalen Massenkrieg geworden war und das alte Kriegsrecht nicht mehr »paßte« (Friedrich).

Jeder Text steht für sich und kann unabhängig von den anderen gelesen werden. In vielen Fällen könnte man Beiträge auch in einen anderen Kontext setzen, da die behandelten Probleme auf unterschiedlichen Ebenen eine Rolle spielen. Daß die Texte verschieden umfangreich sind, ist keine Absicht. Manchmal wird ein »Schlaglicht«, manchmal ein minuziös entwickelter Gedankengang einen Denkanstoß bewirken und den Leser zum Nach-, Mit- und Weiterdenken veranlassen.

Heidi Bohnet-von der Thüsen

I. REALITÄTEN DES MENSCHSEINS – LEBEN UND ÜBERLEBEN

Elisabeth Badinter
Die Revolution der Väter

Die Revolution der Väter, heute noch kaum spürbar, wird für die künftigen Generationen enorme Veränderungen mit sich bringen, insbesondere eine neue Männlichkeit, die vielseitiger und differenzierter ist. Allerdings setzt sie Beziehungen zwischen den Partnern voraus, die demokratischer sind, als wir sie heute kennen, und die nicht allein vom guten Willen der einzelnen abhängen. Bis heute haben die maßgeblichen Instanzen der westlichen Gesellschaften noch nicht akzeptiert, daß eine Frau genausoviel wert ist wie ein Mann – und noch weniger, daß ein Vater ebensoviel wert ist wie eine Mutter.

Nahezu zwei Drittel der Mütter arbeiten außerhalb des Hauses. Auch wenn dreimal mehr dänische Mütter berufstätig sind als spanische, besteht doch kein Zweifel, daß sich das neue Muttermodell in der gesamten westlichen Gesellschaft sehr rasch durchsetzt. Aber man könnte Bände damit füllen, welchen Ungerechtigkeiten sie ausgesetzt sind. Die französischen Mütter, die gar nicht mal so schlecht dran sind, erklären oft, wie leid sie eine Ungleichheit sind, deren Ende nicht abzusehen ist. Es ist nur natürlich, daß sie sich an ihre Gefährten wenden, die sich allerdings taub oder zumindest schwerhörig stellen.

Diese allseits bekannte Situation, in der sich die meisten Frauen befinden, darf nicht über eine andere, nur selten erwähnte Tatsache hinwegtäuschen: über den Widerstand der Mütter gegen ein Aufteilen der Bemutterung. Alle Untersuchungen zeigen, daß eine Beteiligung des Mannes auch vom guten Willen der Mutter abhängt. Nun erklären aber viele Frauen, sie wollten nicht, daß ihr Partner sich mehr mit den Kindern beschäftigt. Um die 80er Jahre ergaben zwei Umfragen, daß die Väter, die sich gerne ein wenig mehr beteiligt hätten, dazu nicht ermutigt wurden: 60 bis 80 Prozent ihrer Frauen hielten nichts davon.

Um ihre Verweigerungshaltung zu erklären, verweisen viele Frauen auf die Unfähigkeit des Mannes, der ihnen mehr Arbeit machen als ersparen würde. Aber innerlich empfinden sie ihre Vorrangstellung als Mutter als eine Macht, die sie nicht teilen wollen, und sei es um den Preis der physischen und psychischen Erschöpfung. In der Tat hat sich ihre Einstellung zu einer Beteiligung des Vaters im Laufe der letzten fünfzehn Jahre kaum verändert. Und es ist anzunehmen, daß sie sich nicht grundlegend wandeln wird, solange die Gesamtgesellschaft nicht einer Neuverteilung der Machtbefugnisse der Männer und der Frauen zustimmt. Selbst bei den Frauen, die erklären, sie wollten, daß der Vater sich mehr beteiligt, kann eine ambivalente Einstellung zugrunde liegen, die in den Ergebnissen der Umfrage von 1982 nicht zum Ausdruck kommt. Die Arbeiten von Russell über die australischen Väter, die sich um den Haushalt und die Kinder kümmern, haben gezeigt, daß ihre Ehefrauen ziemlich unzufrieden sind, was zu Spannungen in der Ehe führt.

Die aufschlußreiche Untersuchung von Diane Ehrensaft über den neuen Familientypus zeigt, daß die Mütter oft eifersüchtig auf die Bindung zwischen Vater und Kind sind. Sie fühlen sich ausgeschlossen und beklagen sich, daß die Beziehung zwischen ihnen und ihrem Mann nicht so eng und vertraut ist wie die zwischen ihm und seinem Kind; dies läßt Ehrensaft zu dem Schluß kommen, daß die Mutter sich, wenn sie ihre beherrschende Rolle einbüßt, mit der Vorstellung abfinden muß, daß das Kind nicht eine Verlängerung von ihr ist. Es gehört auch noch jemand anderem und identifiziert sich mit ihm. Ein Eindruck, der noch schmerzlicher ist, wenn das Kind ein Junge ist. Seltsamerweise gab die Untersuchung keinen Hinweis auf eine entsprechende Eifersucht des Vaters auf die Zweiheit Mutter/Kind.

Aber die Paare, mit denen Ehrensaft sich so eingehend beschäftigt hat, stellen eine winzige Ausnahme von der allgemeinen Regel dar. Diese Eltern, die, ohne irgendeine Unterscheidung der Rollen, hundertprozentig teilen, sind alles andere als repräsentativ für die derzeitige Realität der Familie. Es wäre falsch und wissenschaftlich unredlich, wollte man unterstellen, daß die Väter nur die Opfer von Frauen sind, die sie daran hindern, ihre Vaterschaft zu leben. Neben einer Reihe von Vätern, die sich freiwillig ein wenig mehr beteiligen möchten, gibt es nach wie vor ein Heer von Männern, die weder Lust haben noch eine Verpflichtung dazu verspüren. Das sind nicht von ihren Frauen »verhinderte Väter«, sondern die Erben des harten Mannes, der es sich selber verbot, Vater zu sein.

Vor- und Nachteile einer Aufteilung der Elternschaft

Zwei Modelle sind denkbar: Bei dem einen tun Vater und Mutter exakt dasselbe; bei dem anderen teilen sich die Eltern die Aufgaben. Das erste Modell, noch seltener als das zweite, haben die von Ehrensaft beobachteten 40 Paare übernommen. Sie haben beschlossen, ab der Geburt des Kindes unterschiedslos alle Aufgaben zu übernehmen (außer gegebenenfalls das Stillen) und dem Kind zu zeigen, daß Papa und Mama austauschbar sind. Die Ergebnisse sind nicht unbedingt eindeutig, weder beim Kind noch was die Eltern betrifft.

Es gibt keinerlei Hinweis auf irgendeine Art von Desorientiertheit oder Unsicherheit beim Kind eines solchen Paares, selbst wenn sie, noch ganz klein, die Wörter »Papa« und »Mama« unterschiedslos gebrauchen, und zwar unabsichtlich. Nachdem sie anfangs darüber erschrocken war, wurde Ehrensaft aus ihren Beobachtungen klar, daß diese Bezeichnungen sich in den Augen der Kinder eher auf soziale Kategorien bezogen als auf Eigennamen. Wenn ein Kind nach seiner Mutter rief, war es manchmal der Vater, der kam. Mit anderen Worten: Der Elternteil, der gerade in der Nähe war, reagierte auf die Bezeichnung »Mama«, und das Kind lernte, daß zwei Personen die gleiche Rolle ausfüllen konnten. Die gängigste Kritik an dieser Form von »Elternschaft« ist, daß die Kinder dabei Gefahr laufen, kein klares Gefühl für ihre sexuelle Identität zu haben. Allerdings kam es bei keinem der Kinder zu Identitätsproblemen (*core gender*). Dafür hatten sie keine klare Vorstellung von den üblichen Geschlechterrollen (*gender role identity*), da Papa und Mama das gleiche machten. Diese erwarben sie sich erst später, als sie in Kontakt mit der Außenwelt kamen, und über die Wahrnehmung der *feinen Unterschiede* zwischen Vater und Mutter. Selbst diese Kinder besonders androgyner Eltern verspürten das Bedürfnis, zu gegebener Zeit ihre Geschlechtsidentität hervorzukehren. So wie die kleine Sonia (deren Vater und Mutter beide lange Haare hatten und nur Jeans trugen), die sich als kleines Mustermädchen (mit Locken, gepflegtem Aussehen und gesmokten Gewändern) herausputzte, um ihre Weiblichkeit zu bekräftigen. Als recht weibliche und zugleich sportliche Heranwachsende mochte sie Jungen, hatte aber ein klar ausgeprägtes Bewußtsein für die Gleichheit der Geschlechter.

Dagegen brachten einige Jungen zunächst ihre Weiblichkeit zum Ausdruck, sehr zum Mißfallen ihrer Eltern, die befürchteten, einen homosexuellen Sohn zu haben. Ihre Männlichkeit machten sie erst später geltend, und zwar nicht so betont wie die Mädchen ihre Weiblichkeit. Im übrigen legte keiner der Jungen die Verachtung für Mädchen an den Tag, wie sie für den traditionellen kleinen Jungen charakteristisch ist.

Die Nachteile dieses Modells betreffen vermutlich vor allem die Eltern. Die unklare Aufteilung der Arbeit zwischen ihnen führt dazu, daß sie nie wissen, wer was tun soll. Die permanente elterliche Doppelverantwortung bewirkt eine übermäßige Fixierung auf das Kind, die weder für dieses noch für die Eltern gut ist. Das »Zuviel an Elternschaft« produziert Kinder, die egozentrischer sind und in jedem Augenblick geliebt werden und im Mittelpunkt stehen wollen. Da das Kind vor allem anderen rangiert, kommt den Eltern ihre Nähe und Vertrautheit als Paar abhanden, und sie laufen Gefahr, ihre persönlichen und sexuellen Interessen aufzugeben. Darüber hinaus erkennen alle egalitären Eltern die Notwendigkeit an, sich in allem, was das Kind betrifft, abzusprechen, was einen großen Aufwand an Energie und Zeit mit sich bringt. Zwar ist diese Form von Elternschaft charakteristisch für die elterliche Solidarität, aber sie hat ihre Grenzen. Die Partnerschaft kann in Gefahr geraten zu zerbrechen, wenn die Kinder das Haus verlassen.

Das zweite, gängigere Modell ist die Aufteilung fünfzig zu fünfzig: gleicher Zeitaufwand, aber verschiedene Aufgaben. Genauer gesagt, es gibt bestimmte Dinge, die beide, Vater und Mutter, für das Kind tun, und andere, für den einen und den anderen Elternteil spezifischere Aufgaben. Die Verfechter der völligen Abschaffung der Geschlechterrollen lehnen dieses Modell ab, weil es ihrer Meinung nach die Klischees künstlich am Leben hält. Diese Gefahr ist jedoch minimal, da diejenigen, die sich zu diesem Modell bekennen, bereits den entscheidenden Schritt aus dem Rahmen der Konvention heraus getan haben: Zeitersparnis, die Tatsache, daß beide Eltern für das Kind da sind, eine stärkere elterliche Solidarität als im traditionellen Modell, die die Zweierbeziehung festigt, ohne sie zu bedrohen. Im übrigen scheinen die Kinder stabiler und weniger ängstlich zu sein.

Für welches Modell man sich auch entscheidet, keines von beiden wird dazu führen, daß es keinen Streit mehr zwischen den Eltern oder keine Scheidungen mehr gibt. Ihre Kinder werden nach wie vor zwischen Vater und Mutter hin- und hergerissen sein. Wenn es jedoch den Vätern gelingt, ihre Revolution zu vollenden, werden ihre Kinder eine größere Chance haben, beständige und herzliche Beziehungen zu ihnen aufrechtzuerhalten. Wenn man ein Kind sehr geliebt, umsorgt und sich darum gekümmert hat, läßt man es nicht so ohne weiteres im Stich. Allerdings ist auch notwendig, daß die Frauen die Aufteilung der Aufgaben akzeptieren und daß Beamte, Arbeitgeber und andere Institutionen diese Entwicklung zur Kenntnis nehmen.

Utopische Zielsetzungen, werden einige sagen. Die Wirklichkeit ist chaotisch und konfliktgeladen. Der Egoismus der einen, das Leiden der anderen, die ewigen Aufrechnungen werden derlei Entwürfe zum Scheitern bringen. Das steht jedoch keineswegs fest, denn sie liegen im Interesse aller. Mit Sicherheit in dem des Kindes – auch wenn wir wissen, daß es nicht immer gelingt, das Verhalten der Eltern neu zu definieren, sondern daß man eigentlich auch die Eltern selber ändern müßte –, denn auf lange Sicht ist nichts schmerzlicher und belastender, als wenn es dem Kind schlechtgeht. Vorausgesetzt natürlich, daß man wirklich gelernt hat, es zu lieben.

Die doppelte Vaterschaft (vom mütterlichen Vater zum väterlichen Mentor) wird ihre Zeit brauchen, um sich durchzusetzen, und folglich auch die Versöhnung des Mannes. Das soll nicht heißen, daß die Männer der heutigen Generation zur Alternative der Verstümmelung verdammt sind. Der harte und der weiche Mann sind nichts weiter als zwei Prototypen, die die männliche Realität in ihrer Vielgestaltigkeit nicht abdecken können. Es hat immer Männer gegeben, die sich den aufgezwungenen Leitbildern verweigerten, warmherzige und aufmerksame Väter, die ihre Weiblichkeit zu Wort kommen ließen, zärtliche Männer, die ihre Frauen als gleichberechtigte Wesen liebten. Um den vorherrschenden Modellen zu trotzen, braucht es jedoch Mut, vor allem in einer Zeit der Cowboys, die seit dreißig oder vierzig Jahren unter uns weilen.

Die jungen Männer von heute können sich weder in der karikierten Männlichkeit vergangener Zeiten wiederfinden noch in der Ablehnung jeglicher Männlichkeit. Sie sind bereits die Erben einer ersten Generation von Mutanten. Als Söhne von männlicheren Frauen und fraulicheren Männern fällt es ihnen manchmal schwer, sich mit ihren Vätern zu identifizieren. Unter letzteren gibt es viele, die einen Schritt aus dem traditionellen Modell herausgetreten sind, aus Überzeugung oder nur um ihren Partnerinnen zu gefallen, ohne wirklich auf ihre traditionelle Rolle zu verzichten. In die Enge getrieben zwischen einem sich modern gebenden Diskurs und einer Praxis, die dies nicht ist, fühlen sie sich im Vergleich zu den Frauen im Rückstand und bieten ihren Söhnen ein widersprüchliches Bild von Männlichkeit. Andere, und diese sind seltener, verwarfen die traditionelle Männlichkeit, mußten jedoch feststellen, daß ihnen keinerlei Modell der Männlichkeit mehr zur Verfügung stand. Sie versuchten sich als mütterliche Väter, ohne über den Versuch hinauszugelangen, da sie nicht mehr wußten, welche Männlichkeit sie vermitteln sollten. Sie glaubten, die Frauen, die mit ihrer neuen Männlichkeit locker umzugehen verstanden, auf dem Terrain des Androgynats schlagen zu können, indem sie sich weiblicher gerierten als sie – eine Umkehrung der Identitäten, die ihre Söhne nicht unbedingt überzeugte. Man weiß von Söhnen, die sich gegen ihren eigenen Willen ihrer Mutter zuwandten, um das Geheimnis der Männlichkeit zu ergründen, und unbewußt ihrem entmannten Vater Vorwürfe machten.

Bislang sind Väter, die ihrem Sohn das Bild des versöhnten Mannes vor Augen führen, noch die Ausnahme. Das ist nicht weiter erstaunlich. Man muß schon blind gegenüber den Problemen der Identität sein, wenn man glaubt, daß es ein und derselben Generation von Männern, die in dem alten Modell aufwuchs, auf Anhieb gelingt, den gefährlichen dreifachen Salto zu meistern: eine überkommene Männlichkeit in Frage zu stellen, eine gefürchtete Weiblichkeit anzunehmen und eine neue Männlichkeit zu erfinden, die sich mit dieser in Einklang bringen läßt. Dadurch, daß man die Identität seiner Väter bestreitet, wird man noch nicht psychisch bereit, sich mit seiner Weiblichkeit zu versöhnen. Und dadurch, daß man diese Weiblichkeit akzeptiert, entdeckt man noch lange nicht eine Männlichkeit, die einem behagt, vor allem wenn dieser Begriff Gegenstand so vieler Fragen und Polemiken geworden ist.

Es ist Zeit, daß wir unseren Söhnen sagen: Terminator ist nur eine erbärmliche Parodie – weit davon entfernt, ein Übermensch zu sein. Und vor allem ist es höchste Zeit, das Lob der männlichen Tugenden zu singen, die man sich weder passiv noch wie von selber erwirbt, die vielmehr erarbeitet und erkämpft sein wollen. Ihre Namen lauten: Selbstbeherrschung, der Wille, über sich selbst hinauszuwachsen, die Bereitschaft, Risiken einzugehen, sich Herausforderungen zu stellen und der Unterdrückung Widerstand zu leisten... Sie sind die Voraussetzungen von Kreativität, aber auch von Würde. Sie sind Teil eines jeden menschlichen Wesens und stehen gleichberechtigt neben den weiblichen Tugenden. Diese wirken bewahrend, jene sprengen Grenzen. Weit davon entfernt, unvereinbar zu sein, sind sie untrennbar miteinander verquickt, wenn man den Anspruch erhebt, Mensch zu sein. Obwohl eine jahrtausendealte Tradition sie zu Gegensätzen erklärt hat, indem sie sie dem einen oder dem anderen Geschlecht zuschrieb, wird uns allmählich bewußt, daß die einen ohne die anderen Gefahr laufen, sich in einen Alptraum zu verwandeln: Selbstbeherrschung kann zur Neurose werden, Risikobereitschaft selbstmörderisch,

Widerstandsbereitschaft kann sich in Aggression verwandeln. Umgekehrt können die heute so gefeierten weiblichen Tugenden in Passivität und Unterwerfung münden, wenn sie nicht durch die männlichen Tugenden gemildert werden.

Die Frauen haben dies ein wenig schneller begriffen als die Männer, und sie genießen es, diese versöhnte Menschlichkeit zu leben. Es wäre jedoch falsch, wollten sie sich darüber wundern, daß die Männer etwas länger dazu brauchen. Im Gegensatz zu der alten Geschichte von der Verdammung Evas hat Gott sich zu ihrem Komplizen gemacht. Nicht nur hat er Adam die Macht genommen, Leben zu schenken, um sie seiner Gefährtin zu verleihen, er hat den Frauen gleichzeitig auch das Privileg zuteil werden lassen, aus einem Bauch des gleichen Geschlechts geboren zu werden. Damit hat er ihnen die Mühen der Differenzierung und des Gegensatzes erspart, die das Schicksal des Mannes unauslöschlich prägen. Wohl kann der mütterliche Vater die Schmerzen der Trennung mildern und den Erwerb einer männlichen Identität erleichtern, aber nie wird er in der Lage sein, die Auswirkungen des ursprünglichen Einsseins aufzuheben. Solange Frauen Männer gebären und solange XY sich im Schoße von XX entwickelt, wird es immer ein bißchen länger dauern und ein bißchen schwieriger sein, einen Mann zu machen als eine Frau. Um sich davon zu überzeugen, braucht man sich nur die Umkehrung dessen vorzustellen: Wenn die Frauen aus einem männlichen Bauch geboren würden, wie sähe dann das Schicksal der Frauen aus?

Als die Männer sich dieses naturgegebenen Nachteils bewußt wurden, erdachten sie sich einen kulturellen Ausweg von ungeheurer Tragweite: das patriarchalische System. Heute sind sie gezwungen, dem Patriarchat adieu zu sagen, und müssen daher den Vater und die dazugehörige Männlichkeit neu erfinden. Die Frauen beobachten diese Mutanten voller Zärtlichkeit und halten den Atem an...

Christiaan Barnard
Leben

Meine Gedanken wanderten zu dem vollkommen geformten Kind in dem Bettchen zurück. Ich grübelte über das Leben und den Tod nach, und mir wurde klar, daß ich mehr über den Tod wußte als über das Leben.

Der Tod ist eine klinische Diagnose, die gestellt wird, wenn bestimmte Symptome und Anzeichen vorliegen, genauso wie bei der Diagnose einer akuten Blinddarmentzündung oder eines Magendurchbruchs.

Aber was ist Leben? Darüber hatte ich mich einmal mit dem verstorbenen Ben-Gurion unterhalten, der die Ansicht vertreten hatte, auch Tische und Stühle besäßen ein Leben. Ich hatte dem nicht zugestimmt, da man meiner Auffassung nach nur auf etwas, das sich selber reproduzieren kann, den Begriff »Leben« anwenden kann. Aber ist das wirklich alles?

Am nächsten Vormittag ging ich auf dem Weg zu Barbara beim Rotkreuz-Kinderkrankenhaus vorbei, um nach einigen meiner Patienten zu sehen; am Vortag war ich einfach nicht dazu gekommen.

Hier fand ich die Antwort auf meine Frage. Und zwar, weil jemand aus Nachlässigkeit einen Essenswagen in einer Ecke der Krankenstation stehengelassen hatte. Einen Augenblick hatte das Personal nicht aufgepaßt, und schon wurde er von einer unerschrockenen Mannschaft gekapert, die aus zwei Leuten bestand, einem Fahrzeugführer und einem Maschinisten. Letzterer setzte das Gefährt in Bewegung, indem er es im Laufen mit gesenktem Kopf vor sich her schob, während der Fahrer auf der unteren Platte des Essenswagens kauerte, den er mit einem Arm umklammerte, während er gleichzeitig das Gefährt steuerte, indem er einen Fuß auf dem Boden schleifen ließ. Die Rollenverteilung verstand sich von selbst: Der Maschinist war blind, und der Fahrzeugführer hatte nur einen Arm.

Eines hatten die beiden allerdings vergessen: daß auch das längste Rennen einmal ein Ende haben muß. In diesem Fall endete es mit dem Geklirr zerbrechender Teller, gefolgt von dem erbosten Schimpfen der Schwester, die den Protest der beiden: *»Ag sister, ons practise maar net vir die grand pree (Ach Schwester, wir üben doch nur für den Grand Prix)«* beiseite fegte und die beiden Männer wieder in ihre Betten scheuchte.

Der Maschinist war ganze sieben Jahre alt; beim Brand eines Schuppens hatte er sein Augenlicht und einen Großteil seines Gesichts eingebüßt. Er hatte schon etliche der qualvollen Operationen hinter sich, durch die sein Kinn von dem vernarbten Gewebe gelöst werden sollte, das es noch so fest mit seinem Hals verband, daß er seinen Kopf nur heben konnte, wenn er seinen Mund öffnete. Zur Zeit des *Grand Prix* war er ein wandelnder Alptraum mit einem abstoßenden, verwüsteten Gesicht und einem langen Hautlappen, der von der einen Seite seines Halses auf den Körper herabhing: das Hauttransplantat, das seinen Kopf aus dieser fleischigen Falle befreien und seinem Kinn etwas Bewegungsfreiheit verschaffen sollte.

Man hatte dieses Transplantat von einem nicht verbrannten Teil seines Körpers abgetrennt und zu einer Art Schlauch zusammengerollt. Das eine Ende des Lappens war, um die Blutversorgung aufrechtzuerhalten, nach wie vor mit der ursprünglichen Stelle verbunden, während das andere nach oben geschlagen und auf seinen Hals transplantiert worden war. Sobald es fest genug am Hals angewachsen war, würde man den Schlauch entrollen, so daß man einen glatten Hautlappen hatte. Unter dem Kinn würde man das vernarbte Gewebe entfernen und dann die Haut auftransplantieren – eine sehr lange und schmerzvolle Prozedur, die eine Reihe komplizierter Operationen erforderte.

Wenn alles gutging, würde er seinen Hals wieder einigermaßen frei bewegen können, und die meisten der schrecklichen Narben wären verdeckt. Das würde jedoch Wochen dauern, in denen er in den Operationssaal hinein- und wieder hinausgerollt wurde und in denen die Wunden verheilen mußten. Und die ganze Zeit müßte er die monströsen Bandagen ertragen – für einen Siebenjährigen ein wahrer Alptraum.

Kurz nachdem Ruhe und Ordnung auf der Station wiederhergestellt waren und obwohl die furchtbaren Drohungen der Schwester noch in der Luft hingen, spitzte er unter seiner Bettdecke hervor und erklärte: »Wir haben gewonnen!« Seine eingesunkenen Augenhöhlen richteten sich, in der unheimlichen Art der Blinden, blicklos auf mich, und sein Kopf bewegte sich ruckweise auf und ab. Es war unglaublich: Er lachte.

Der Fahrer war neun Jahre alt. Bis zum Alter von sieben hatte er so ziemlich alle Krankheiten durchgemacht, war also ein »Veteran«. Schon seine Kindheit war von Krankheit überschattet gewesen. Zuerst mußte er wegen einer schadhaften Herzklappe operiert werden. Von diesem Eingriff hatte er sich erstaunlich gut erholt, da erkrankte er an Kinderlähmung, in deren Folge ein Bein gelähmt blieb. Nach etlichen Knochenbrüchen war ihm nun sein rechter Arm amputiert worden: Knochenkrebs. Er erklärte mir, schuld an der Bruchlandung bei dem *Grand Prix* sei ein mechanischer Fehler an dem »blöden Karren«.

Als ich die Station verließ, stritten die Helden sich lautstark. Die Erkenntnis traf mich wie ein Blitzschlag: Ich hatte eben zwei Menschen gesehen, die vom Schicksal grausam geschlagen waren, und sie hatten mir eine Lektion in Sachen Leben erteilt.

Leben, das ist die Freude am Leben – die Feier, am Leben zu sein.

Carolyn P. Cowan / Philip A. Cowan
Alkoholprobleme

Es gibt seit einiger Zeit eine Menge Literatur über die seelische Verfassung von Menschen, deren Eltern ernstlich Alkoholprobleme hatten, wobei die Autoren in der Regel von der Annahme ausgehen, daß die Probleme von Alkoholikern die Entwicklung ihrer heranwachsenden Kinder behindern. Unsere Untersuchung legt den Schluß nahe, daß man möglicherweise mit sehr viel längerfristigen Schäden rechnen muß: Die Auswirkungen machen sich noch dann bemerkbar, wenn die erwachsenen Kinder von Alkoholikern selbst Eltern werden.

Bei *20 Prozent* der Eltern in unserer Untersuchung war deren Kindheit von den Alkoholproblemen des Vaters und/oder der Mutter überschattet. Und obwohl keiner unserer Untersuchungsteilnehmer von aktuellen Alkohol- oder Drogenproblemen sprach, räumten einige ein, sie hätten früher solche Schwierigkeiten gehabt. Wir waren ehrlich überrascht von der großen Zahl der Untersuchungsteilnehmer, die aus Alkoholikerfamilien kamen, und fragten uns, mit was für besonderen Problemen sie sich wohl als junge Eltern würden auseinandersetzen müssen.

Unsere Ergebnisse sind höchst beunruhigend: *Jeder* Einzelindex zu Negativreaktionen auf die Elternrolle – Depressionen, mangelndes Selbstwertgefühl, Elternstreß, Rollenunzufriedenheit und Rückgang der Ehezufriedenheit – ließ erkennen, daß Männer und Frauen mit Alkoholiker-Eltern mit signifikant größeren Schwierigkeiten zu kämpfen hatten. Ohne Zweifel haben solche Erwachsene größere Probleme, eine Familie zu gründen, die ihrer Idealvorstellung entspricht. Aus der Literatur ist bekannt, daß Familien mit ernsthaften Alkoholproblemen äußerst bestrebt sind, negative Gefühle unter Kontrolle zu halten. Die Familienmitglieder neigen dazu, Geheimnisse voreinander zu haben, alle Probleme zu leugnen und jedes Gespräch über ihre Gefühle zu vermeiden. Für ein Kind wird das Leben völlig unberechenbar, weil die Stimmung in der Familie wesentlich davon abhängt, ob der betroffene Elternteil nüchtern oder betrunken ist. Kein Wunder, daß diese Kinder, wenn sie erwachsen werden und eigene Familien gründen, Schwierigkeiten haben, mit ihren Spannungen fertig zu werden und enge Beziehungen zu unterhalten.

Noch beunruhigender äußert sich das Generationenerbe, wenn solche Eltern von geringeren Entwicklungsfortschritten ihrer Kinder im Vorschulalter berichten, obwohl unsere Beobachtungen zeigen, daß sich diese Kinder genauso entwickeln wie die Kinder der anderen Eltern in unserer Untersuchung. Das legt den Schluß nahe, daß Menschen, deren Eltern in ihrer Erziehungskompetenz gestört und beeinträchtigt waren, ihren Kindern gegenüber unrealistische Erwartungen hegen und infolgedessen Schwierigkeiten haben, das Verhalten der Kinder in einem positiven Licht zu sehen.

Die Misere der Enkel von Alkoholikern endete nicht im Kindergartenalter. Als sie in der Vorschule waren, baten wir die Lehrerinnen, alle Kinder in der Klasse anhand einer Liste von kindlichen Verhaltensweisen zu charakterisieren. Ohne zu wissen, welche Kinder zu unserer Untersuchung gehörten, beschrieben die Vorschullehrerinnen die Enkel von Alkoholikern häufiger als schüchtern oder aggressiv und leistungsschwächer.

Familien mit Alkoholproblemen hinterlassen ein Erbe, das mehrere Generationen überdauert. Auch wenn den Kindern selbst Alkohol- oder Drogenmißbrauch erspart bleibt und sie entschlossen sind, die Fehler der Eltern zu vermeiden, sind sie dazu verurteilt, die Verhaltensweisen, die zu ändern sie geschworen haben, zumindest teilweise zu wiederholen.

Da wir nicht beobachten können, was sich in den Familien unserer Untersuchungsteilnehmer während ihrer Kindheit und Jugend abspielte, fehlen uns direkte Informationen darüber, wie sich in diesen neuen Familien die Generationenzyklen wiederholen oder ob sie unterbrochen werden. Aus einer amerikanischen Untersuchung an vier Generationen geht hervor, wie die Familiendynamik eine Generation nach der anderen heimsucht. Der Kreis beginnt mit einem reizbaren, labilen Kind, das aufwächst, heiratet und in seiner eigenen Ehe Spannungen erzeugt. Die Partner in solchen Ehen verhalten sich ihren Kindern gegenüber meist weniger liebevoll und sind ihrer Elternrolle nicht gewachsen. Ihre Kinder haben häufig Verhaltensprobleme und wachsen ebenfalls zu reizbaren, labilen Persönlichkeiten heran. Wenn sie als Erwachsene mit Ehekonflikten zu tun bekommen und selbst Kinder haben, beginnt der verhängnisvolle Kreis von neuem.

Obwohl dieser Bericht in seiner schicksalhaften Unausweichlichkeit an eine griechische Tragödie erinnert, geben die Daten zwei Lichtblicke: Erstens ging es hier um Familien, die besonders stark unter einem problematischen Erbe zu leiden hatten. Am anderen Ende des Spektrums befinden sich Erwachsene, die bei liebevollen, kompetenten Eltern aufgewachsen sind, bei Eltern, die gut mit ihrer Erziehungsrolle zurechtkamen. Sie sind in der Lage, in ihren neuen Familien eine ähnlich positive Atmosphäre zu schaffen. Zweitens: Wenn es den Betroffenen gelingt, den Teufelskreis an irgendeiner Stelle zu durchbrechen – als Individuen, in ihrer Ehe oder in der Beziehung zu ihren Kindern –, so gelingt es ihnen mit großer Wahrscheinlichkeit zu verhindern, daß sie derart unbefriedigende Beziehungen in ihrer neuen Familie produzieren.

George Eisen
Ghettospiele

Die Ghettos und Lager drückten der Seele und dem Verhalten der jungen Menschen einen unauslöschlichen Stempel auf. Viele Kinder wurden – zumindest geistig – vorzeitig erwachsen, doch psychisch regredierten sie oft auf eine infantile Stufe. Einerseits wußte ein Kind des Ghettos schon im zarten Alter, was Ponary bedeutete und was dort geschah. Die Kinder spielten »Aktion«, »Aufstöbern von Verstecken«, »Massaker in Ponary« und »Rückgabe der Kleider der Toten«. Andererseits gab es – und zwar fast parallel zu diesen Erfahrungen – einen deutlichen Rückschritt in emotionaler Hinsicht. Eine Überlebende von Westerbork und Theresienstadt sprach davon, daß sie in Westerbork nicht im Sandkasten spielen wollte, weil er »schmutzig« war. Zur Erklärung verwies sie darauf, daß »die Kinder im Lager auf Kleinkindgewohnheiten regredierten, und sie regredierten auch in dem Sinne, daß sie in die Hose machten. Offenbar machte es ihnen nichts aus, und wenn sie es im Sandkasten machten, lachten sie dabei.«

Wohl hatten die Wertvorstellungen der Eltern und Erzieher immer noch einen wenn auch schwachen Einfluß auf die Moral der Kinder, doch äußerte sich die psychische Verrohung der jungen Generation in vielen Formen. Das Nebeneinander von Werten aus der Vor-Holocaust-Zeit und der drastisch veränderten Umwelt zeigte sich am deutlichsten im Inhalt der kindlichen Spiele. Mittelschichtkinder legten im Spiel Verhaltensweisen an den Tag, die ihren Eltern unverständlich waren, weil sie den gesellschaftlichen Normen, wie wir sie in der Kultur vor und auch nach dem Holocaust kennen, völlig widersprachen. Bestürzt vermerkte Mechanicus, daß »einige kleine Kinder auf den Abwasserrohren spielen. Als wäre es ein völlig normales Thema, sprechen sie darüber, wie viele Flöhe jeder von ihnen letzte Nacht gefangen hat.« Von einer ähnlichen Beschäftigung spricht – und zwar mit einem vergleichbaren nachträglichen Entsetzen – Gabriele Silten. Während ihrer Inhaftierung in Theresienstadt gehörte es zum morgendlichen Ritual, mit ihrer Freundin darum zu wetteifern, wer die meisten

Flöhe und Wanzen fangen und töten könne. »Schwieriger war es, die Flöhe zu fangen«, erinnerte sie sich, »weil sie hüpfen, was die Wanzen nicht tun; sie kriechen nur herum und sind daher leicht zu fangen.« Dies kann, verglichen mit anderen Ghettospielen, wohl als eine leichte Abweichung von der Norm betrachtet werden. Sehr viel schockierender war die »Rückgabe der Kleider der Toten«, ein Spiel, bei dem die Tötung der Wilnaer Juden in Ponary nachgespielt wurde. Vor ihrer Erschießung hatten die Opfer sich ausziehen müssen, und ein geringer Bruchteil ihrer Kleider wurde dem Ghetto von den Mördern zurückgegeben. Die Kinder stellten dieses ganze Drama mit bedrückender Genauigkeit dar.

Die Häufigkeit und Banalität des Sterbens und die Tatsache, daß es von der Gesellschaft ohne weiteres akzeptiert wurde, hinterließ in der Seele der Kinder einen bleibenden Eindruck. Der Tod bekam, weil er zu etwas so Gewöhnlichem wurde, eine groteske, fast surrealistische Dimension, in der Leichen zu bloßen Objekten wurden, die ebenso wie die Pflastersteine und der Müll zum Straßenbild gehörten. Janina David, das oben bereits zitierte junge Mädchen aus Warschau, schreibt: »Ich schaute sie alle mit weit aufgerissenen Augen und verschlossenem Bewußtsein an. Ich weigerte mich zu erkennen, was ich da sah, und verbot mir noch energischer, irgend etwas dabei zu empfinden. Ich stieg über die nackten Skelette und schaute mit sorgfältiger Gleichgültigkeit auf sie nieder. Sie waren eine Rasse für sich.« Auch in vielen anderen Ghettos und Lagern wurde der Tod von den Kindern nüchtern hingenommen. Der Historiker Ringelblum gibt der Verzweiflung der Erwachsenen angesichts der geistigen und seelischen Abgestumpftheit der Jungen Ausdruck, wenn er schreibt: »Der Tod liegt in jeder Straße. Die Kinder fürchten sich nicht mehr vor dem Tod. In einem Hof spielten sie ein Spiel, bei dem eine Leiche gekitzelt wird.«

Das Spielen der Kinder bedeutete keine Flucht aus der Wirklichkeit, sondern es war die Realität selbst. Tadeusz Borowski schrieb über Auschwitz (wo es sogar ein Schwimmbecken und einen Fußballplatz gab): »Zwischen zwei Einwürfen bei einem Fußballspiel waren direkt hinter meinem Rücken dreitausend Menschen umgebracht worden.« Zwischen der Vorstellung der Erwachsenen von der Rolle und Funktion des Spiels und dem, was das Spiel im Holocaust tatsächlich erfüllte, bestand eine tiefe Kluft. Weder vermochte das Spiel die Kinder vollständig von der Realität abzuschirmen, noch konnte es das Wissen vom unausweichlichen Verhängnis auslöschen. Ständig und immer wieder wurden die Kinder daran erinnert, daß der Tod ein integraler Bestandteil des Lebenszyklus war. Wie aus Kinderzeichnungen hervorgeht, wurde der Leichenwagen in Theresienstadt, wenn er nicht gerade Leichenberge zu den Massengräbern beförderte, von den Kindern in mancherlei Weise zum Spielen benutzt. Eine der packendsten Darstellungen dieses Themas hat Norbert Troller geschaffen; sein Bild zeigt den Hof der »Kaserne Dresden«, auf dem gleichzeitig eine Beerdigung, ein Fußballspiel, die Brotverteilung und eine gymnastische Übung für junge Mädchen stattfinden – ein symbolischer Lebenszyklus in einem Konzentrationslager.

Letzten Endes muß man zugeben, daß die tatsächlichen oder vorgeblichen Bemühungen, für die Kinder eine gesunde, abgeschirmte und rationale Welt zu schaffen, bestenfalls von kurzer Dauer waren. »Unter großen Opfern gelang es uns, klägliche Wunder zu vollbringen«, gestand ein jüdischer Arbeiterführer resigniert. Eine Lehrerin erinnert sich, daß bei der Deportation der Kinder aus dem Lodzer Ghetto auch ein erst fünf Jahre altes Mädchen namens Ettie dabei war; es nahm auf seine Reise in die Ewigkeit »ein unschuldiges Lächeln« mit – und »ihre Babypuppe, auf deren Anzug« ihre Schwester »zwei gelbe Sterne genäht hatte«.

An diesem ergreifenden Beispiel wird wie an den vielen anderen deutlich, daß allen Bemühungen zum Trotz weder Spielplätze noch sonstige humanitäre Bestrebungen es vermochten, der rasch sich verschlechternden Situation der Kinder Einhalt zu gebieten oder etwas an dem durchorganisierten Ablauf der Vernichtung zu ändern. Das soll nicht heißen, daß eine auf die kritische Situation eingestellte Gemeinschaft nicht doch einige psychologische Vorteile verzeichnete. Dennoch konnten Spielplätze und spielerische Aktivitäten angesichts der Kälte, der Mangelernährung und des Sterbens nur eine vorübergehende Zuflucht bieten. Wenn der Körper allzu tief gesunken ist, kann der Geist sich nicht erheben. Jan Karski, ein Vertreter der polnischen Exilregierung, selbst kein Jude, schlich sich ins Warschauer Ghetto ein, um die Verhältnisse zu erkunden und seinen Vorgesetzten in London zu berichten.

»Überall war Hunger, Elend, der widerliche Gestank verwesender Leiber, das jammervolle Stöhnen sterbender Kinder«, heißt es in seinem Bericht.

»Wir kamen vorbei an der elenden Kopie eines Parks, einem kleinen, vergleichsweise sauberen Grundstück, auf dem es ein halbes Dutzend nahezu entlaubter Bäume und ein Rasenfleck irgendwie geschafft hatten zu überleben. Es war schrecklich überfüllt. Mütter saßen zusammengedrängt auf Bänken und stillten schrumplige Babys. Scharen von Kindern, bei denen sich jeder Knochen des Skeletts durch die gespannte Haut abzeichnete, spielten.

›Sie spielen, bevor sie sterben‹, hörte ich meinen Begleiter zur Linken sagen, bevor ihm vor Erregung die Stimme versagte.

Ohne nachzudenken sagte ich – die Worte entfuhren mir, noch ehe der Gedanke Gestalt angenommen hatte:

›Aber diese Kinder spielen nicht – sie tun nur so.‹«

Hier kommt einem verständlicherweise die ständig wiederkehrende Frage in den Sinn, ob die Erwachsenen angesichts ihrer unabänderlichen Machtlosigkeit mehr hätten tun können, aber sie muß beinahe automatisch verneint werden. Wenn man sich der unverhüllten Realität stellte, ließ sich schließlich mit spielerischen Aktivitäten bestenfalls erreichen, daß die Anpassung an jenes Leben etwas weniger schmerzhaft wurde, doch sein unausweichliches Ende konnte nicht hinausgeschoben werden. So vollzog sich denn auch nicht nur in der Form, sondern auch in der Natur der spielerischen Aktivitäten ein grundlegender Wandel, und sie glichen sich mehr und mehr der Realität an. Dr. Aaron Peretz, ein Überlebender aus dem Ghetto Kaunas, beschreibt die Wirkung der Hinrichtungen auf die Kinder und die Spiele, die sie spielten:

»Die Kinder des Ghettos spielten und lachten, und die ganze Tragödie spiegelte sich in ihren Spielen. Sie spielten zum Beispiel Totengräber: Sie hoben eine Grube aus, legten ein Kind hinein und nannten es Hitler. In einem ihrer Spiele waren sie die Torwächter des Ghettos. Einige spielten die Rolle der Deutschen, andere die der Juden, und die Deutschen waren wütend und schlugen die anderen Kinder, die Juden waren. Und immer wieder spielten sie Beerdigung...

Das jüdische Kind war vorzeitig erwachsen. Zu unserem Erstaunen beobachteten wir, daß Kinder von drei oder vier Jahren das Tragische der Situation verstanden, daß sie den Mund hielten, wenn es nötig war, daß sie wußten, wann sie sich verstecken mußten. Wir trauten unseren Ohren nicht, als wir kleine Kinder, denen ein Beruhigungsmittel angeboten wurde, sagen hörten: ›Herr Doktor, das ist nicht nötig, ich werde still sein, ich werde nicht schreien.‹«

Die Fähigkeit, durch Spielen der Realität zu entrinnen, mußte unter diesen Umständen ein Mythos bleiben. Aber es war ein schöner Mythos, der Spielräume schuf, die zu träumen erlaubten, wie es vielleicht hätte sein können. Die Erwachsenen in den Lagern und Ghettos gewannen durch die Leugnung der Realität also einen gewissen Spielraum, zumindest für kurze Zeit. Nochmals zitiere ich eine der sorgfältigen Beobachtungen, die Kaplan uns in großer Zahl hinterlassen hat: »Die Natur des Menschen«, schrieb er im Januar 1942, »ist so beschaffen, daß der Drang, zu ›essen, zu trinken und lustig zu sein‹, in Zeiten der Krise stärker ist. Die Menschen sagen sich ›wenn schon, denn schon‹ und jagen ständig dem Vergnügen nach.« Daß dem kindlichen Spiel derartige Empfindungen nicht entgegengebracht wurden, ist nahezu sicher. Hier besteht, was die Reaktionen auf das seelische Trauma angeht, eine spürbare Kluft zwischen Kindern und Erwachsenen.

In früheren Kapiteln habe ich angedeutet, daß zwischen dem Spiel der Erwachsenen und dem der Kinder im Holocaust ein deutlicher Unterschied bestand. Ich habe mich bewußt vage ausgedrückt, weil in der Spielforschung und der Literatur bislang sehr wenig geschehen ist, um diese beiden Bereiche voneinander abzugrenzen. Gleichwohl läßt sich mit einiger Gewißheit sagen, daß es offenkundige Unterschiede gibt. Es wird zwar von einigen angezweifelt, daß Erwachsene während des Holocaust gespielt haben, doch offensichtlich war das eine häufige Reaktion. Ein »Fluchtmechanismus«, den Erwachsene unter traumatisierenden, grauenhaften Verhältnissen immer wieder benutzen, besteht denn auch darin, sich in fieberhafte Aktivitäten zu stürzen, besonders in solche, die einen zeitweilig ganz oder möglichst weitgehend von der bestehenden Realität abschirmen. Der Psychologe Bruno Bettelheim, der die Greuel des Konzentrationslagers am eigenen Leib erfahren hat, schrieb: »Dieses Gefühl der Distanziertheit oder Abgelöstheit war ein Versuch, die Realität der Situation, in der sich die Gefangenen befanden, zurückzuweisen, und es kann als ein Mechanismus betrachtet werden, der das Ziel hatte, die Integrität der Persönlichkeit der Betroffenen zu bewahren.« Bei der erwachsenen Bevölkerung in den Ghettos und Lagern stößt man immer wieder auf so etwas wie eine hedonistische Einstellung. »Nur das Tanzen ging mit einer noch fieberhafteren Erregung weiter«, schrieb ein Bewohner des Rigaer Ghettos und sprach von der »hektischen Anspannung, mit der man sich auf die wenigen Vergnügungen stürzte, die das Ghetto bieten konnte, einem besessenen Wunsch, schnell und gefährlich zu leben, bevor das Ende kam.« Ein weiterer Fluchtmechanismus war die von vielen Ghettobeobachtern beschriebene Promiskuität.

Veronika Axline hat, gestützt auf Freud und Erikson, diese Art, sich des Spiels zu bedienen, als einen Mechanismus bezeichnet, der Menschen dazu ermutigt, sich negativer Erfahrungen dadurch zu entledigen, daß sie sie weitergeben, büßen oder übertragen – Prozesse, durch welche sie sich an neue Bedingungen und Situationen anpassen beziehungsweise diese assimilieren. Für die Erwachsenen waren dies, wie schon erwähnt, Formen der Bewältigung oder der Herbeiführung »seelischer Stumpfheit«. Das kindliche Spiel hat jedoch, ohne diesen Begriff zu überstrapazieren, seine eigene Würde. Die Spiele der jungen Menschen boten auf einer anderen Ebene eine Möglichkeit der »Bewältigung«.

Das Spiel konnte nie die Funktion eines »Fluchtmechanismus« in dem herkömmlichen Sinne erfüllen, einen Ausweg aus Verhältnissen zu bieten, auf die man keinen Einfluß hatte, was es nach Aussagen von Zeitgenossen für die Erwachsenen leistete. Das Spiel und die Spiele der Kinder haben die Realität weder transzendiert noch verändert. Sie spiegelten diese Realität getreulich wider, wurden ein integrierender Bestandteil von ihr – oder zumindest von dem, was die Kinder für Realität hielten.

Heiko Ernst

Das ultradiane Streßsyndrom

Während des weitaus größten Teils der Evolution war es den Menschen möglich, in relativem Einklang mit den Rhythmen der sie umgebenden Natur und mit den Rhythmen ihres Körpers zu leben – sie paßten sich an Tag und Nacht, an die Jahreszeiten, aber auch an die körperlichen Ermüdungs- und Aktivitätsphasen an und haben dieses rhythmische Muster nur selten, meist in Notfällen, ignoriert und seine Elastizität ausgenutzt. In dem Maße jedoch, wie die gesellschaftlichen Organisationsformen sich entwickelten, wurden die natürlichen Rhythmen und Zyklen von sozialen und kulturellen überlagert und allmählich unterdrückt. Heute dominieren diese äußeren Zeitgeber fast völlig, zwischen Weckerläuten und der Spätausgabe der Nachrichten strukturiert eine Fülle von Terminen, Zwängen und Zeitplänen unser Leben. Die leisen Signale und Stimmen unseres Körpers haben kaum noch eine Chance, gehört zu werden – sie werden übertönt und überlagert von Lärm, Hektik, Ablenkungen und Alltagsstreß.

Die ursprüngliche Flexibilität des Rhythmussystems, die einen evolutionären Vorteil darstellte, weil sie uns erlaubte, Müdigkeit und Erholungsbedürfnis vorübergehend zu unterdrücken, um beispielsweise in Notzeiten das Überleben zu sichern, erweist sich nun in der Dauerbelastung des modernen Lebens als gravierender Nachteil. Aus der Ausnahme wurde eine Regel: Wir ignorieren nicht nur die großen Zyklen zunehmend, indem wir unsere Aktivitätsphasen bis weit in die Nacht hinein ausdehnen und unsere Schlafzeit durchschnittlich stark verkürzt haben, sondern geben auch den ultradianen Körperrhythmen kaum noch eine Chance, ihre heilsame Wirkung zu entfalten. Das Resultat ist Streß: Eine Dauerüberlastung von Körper und Psyche, eine Desynchronisierung der leibseelischen Kommunikationssysteme, eine systematische Überbeanspruchung und Erschöpfung der Energie- und Informationssysteme des Körpers. Damit wir dennoch »funktionieren«, muß dieser Körper in hohem Maße Streßhormone ausschütten: Ein Notprogramm wird zur Dauereinrichtung.

Zwar bemerken wir oft genug noch das dringende Bedürfnis, eine Pause einzulegen, unsere Muskeln zu strecken, ein paar Schritte herumzugehen, zu gähnen oder ein paar Minuten tagzuträumen. Aber wir haben uns angewöhnt, dies als Zeichen von Ablenkung, Schwäche und mangelnder Arbeitsmotivation anzusehen, und zwingen uns, weiterzumachen. Genauer gesagt: Wir zwingen den Körper, wieder zu gehorchen und alles zu unterlassen, was unsere Leistungen und unsere Wachheit schmälern könnte. Er reagiert mit einer verstärkten Ausschüttung der Streßhormone Adrenalin und Cortisol – mit der Folge, daß wir das »Tief« überwunden haben und wieder »voll da« sind. Wenn dies mehrmals täglich geschieht und wir den Körper immer wieder zur Ordnung rufen (die nicht die seine ist), wenn wir diese Disziplin sogar noch durch Kaffee oder andere Mittel unterstützen, dann kumuliert die Erschöpfung allmählich und es wird immer schwieriger, die Müdigkeitssignale zu überspielen und Fehlleistungen wie Versprechen, Vertippen oder Verrechnen zu vermeiden.

Wenn dies täglich geschieht und wir den natürlichen Rhythmus immer wieder auf diese Weise vergewaltigen, dann gerät der natürliche Zyklus zwischen Aktivität und Erholung bald völlig durcheinander, und die ultradianen Wellen des Tages flachen zusehends ab: Wir sind nicht mehr zu Höchstleistungen fähig, können uns aber auch nicht mehr entspannen. Kopfschmerzen, Magenschmerzen, Schlafstörungen sind die häufigsten und unmittelbarsten Folgen dieser unnatürlichen, antizyklischen Lebensweise, die schon fast zur Norm geworden ist. Erhöhter Blutdruck, Heißhunger und Freßanfälle, Kurzatmigkeit und Hautstörungen sind weitere typische Folgen dieses pausenlosen Überforderns von Körper und Psyche. Langfristig schwächt dieser Streß auch das Immunsystem, macht anfällig für Erkältungen und andere Infektionskrankheiten.

Psychische Anzeichen für dieses von Ernesto Rossi ultradianes Streßsyndrom genannte Verhaltensmuster sind Vergeßlichkeit, Ungeduld und Nervosität, starke Gemütsschwankungen und Erregbarkeit, Weinkrämpfe, Streitereien, süchtiges Konsumieren von Zigaretten, Kaffee, Schokolade, Cola-Getränken und anderen Stimmungsaufhellern und Tranquilizern.

Weil wir durch ständig zunehmende Konsum- und Zerstreuungsangebote auch in unserer wachsenden Freizeit das Gefühl vermeiden wollen, etwas zu versäumen und kostbare Zeit mit Muße, Pausen und introspektiven, nachdenklichen Phasen zu vergeuden, weil wir also immer mehr »erledigen« und »erleben« müssen, ignorieren wir die ultradianen Körpersignale auch dann, wenn diese Ignoranz nicht durch berufliche oder soziale Anforderungen erzwungen wird. Auch in unserer Freizeit versuchen wir, die »toten Punkte« und »Durchhänger« zu überlisten, und setzen das antizyklische, streßerzeugende Lebensmuster fort. Noch immer hält sich der Glaube, man könne den Raubbau an Körper und Psyche durch gelegentliche Urlaube und das Ausschlafen am Wochenende kompensieren. Die Erholung, die der Körper braucht, läßt sich jedoch nicht in eine Vorratswirtschaft zwingen, und die Vergewaltigung der Körperrhythmen läßt sich nur begrenzt in Urlauben und an Wochenenden wiedergutmachen.

Gefühle des Ausgebranntseins und eine zunehmende und chronische Müdigkeit sind häufig die Begleiterscheinungen eines Lebens- und Arbeitsstiles, der zum Markenzeichen für hochmotivierte und engagierte Menschen geworden ist. Die »Leistungsträger« unserer Gesellschaft glauben es ihrem Leistungsethos schuldig zu sein, sich ständig zu fordern, nie lockerzulassen und in mißverstandener Vorbildfunktion ununterbrochen präsent und aktiv zu sein. Diese Leistungsphilosophie ist oft schon kurz- und mittelfristig kontraproduktiv, denn sie ignoriert die biologische Tatsache, daß sowohl das körperliche Aktivitätspotential als auch die geistige Fähigkeit nivelliert und schließlich dauerhaft vermindert wird, wenn Müdigkeitssignale ignoriert werden. In den ultradianen Erholungsphasen regeneriert sich nicht nur das Aktivitäts- und Informationspotential des Körpers, auch die mentalen Fähigkeiten benötigen offenbar diese »Auszeit«, um die in den letzten zwei Stunden aufgenommenen Informationen und Eindrücke ordnen und schließlich synthetisieren zu können. Die häufigen kleinen und großen Fehler, die sich bei mangelnden Pausen einschleichen, sind das Produkt der nachlassenden Integrationskraft des Geistes.

Das ultradiane Streßsyndrom ist eine psychosomatische Reaktion auf die anhaltende Unterdrückung der körperlichen Rhythmen und Zyklen. Dieses Syndrom hat besonders häufig die folgenden vier körperlichen Krankheitsbilder und Beeinträchtigungen zur Folge:

- Schlafstörungen: Schicht- und Nachtarbeiter sind die häufigsten Opfer des ultradianen Streßsyndroms. Ihre Körperrhythmen werden besonders nachhaltig gestört, und sie leiden sehr viel häufiger als andere Menschen unter Bluthochdruck, Magen-Darm-Krankheiten und psychischen Problemen. Es ist in überreichlichem Maße dokumentiert, daß während der Nacht- und der Schichtarbeit die Fehler- und Unfallhäufigkeit besonders deutlich ansteigt. Wer in seinem Beruf öfter Bereitschaftsdienst hat, also Ärzte, Polizisten, Krankenschwestern, Feuerwehrleute, Ingenieure und andere, unterliegt in der Wartezeit offenbar auch dem ultradianen Streßsyndrom: Obwohl objektiv die Möglichkeit gegeben wäre, sich zu entspannen, wird die »innere« Bereitschaft zum Hindernis: Die Gehirnwellen, der Herzschlag und das Schlafmuster von Menschen, die Bereitschaftsdienst haben, sind deutlich gestört.
- Magen-Darm-Störungen: Der Magen-Darm-Trakt des Menschen arbeitet ebenfalls in 90- bis 120-Minuten-Rhythmen der Kontraktion. Er ist besonders anfällig für Störungen, die aus psychischer oder emotionaler Belastung resultieren, und Magenschmerzen oder »Schmetterlinge im Bauch« sind deutliche Anzeichen des ultradianen Streßsyndroms. Unregelmäßige und unvernünftige Eßgewohnheiten beeinträchtigen die rhythmische Arbeit der Verdauung, die mit den ultradianen Rhythmen synchronisiert ist.
- Herzstörungen: Die anhaltende Nichtbeachtung der natürlichen Erholungszyklen führt zu Rhythmusstörungen des Herzens: Es versucht, die fehlende Erholung zu kompensieren, gerät buchstäblich aus dem Takt und hat immer größere Mühe, sich wieder mit dem Gesamtrhythmus des Körpers zu synchronisieren.
- Verkürzte Lebenszeit: Tierversuche deuten darauf hin, daß die langfristige Unterdrückung und Störung der ultradianen Rhythmik zur Verkürzung der Lebensspanne führt. Offenbar beschleunigt die anhaltende Überschwemmung des Körpers mit Streßhormonen den Alterungsprozeß.

Anstatt also die sanften und leisen Zeichen des Körpers als Schwäche mißzuverstehen und sich »zusammenzureißen«, sollten wir lernen, diese Zeichen als freundliche Bitte zu erkennen, uns eine nötige und produktive Pause zu gönnen. Auf manche Sofakissen war früher der Spruch »Nur ein Viertelstündchen« aufgestickt, und dies ist in etwa die Spanne, die wir tatsächlich benötigen, um dem Körper die Regenerierung zu erlauben, von der auch unsere Psyche profitiert.

Während wir diesem natürlichen Regenerationsprogramm Zeit geben, treten wir in eine Phase der Introspektion ein, in der Erinnerungen auftauchen können, Phantasien und Tagträume uns beschäftigen und wir fast unmerklich in einen tranceähnlichen Bewußtseinszustand hineingleiten, der uns hilft, in den folgenden zwei Stunden wacher und aufmerksamer zu sein. Wenn wir uns in diese 15- bis 20minütige ultradiane Phase hineinfallen lassen, also entspannt und passiv erlauben, daß Körper und Psyche ihren eigenen Bedürfnissen folgen, ermöglichen wir die Instandsetzungs- und Regenerationsarbeit, die uns mit neuer Energie erfüllt. Wir sollten dieser »Hausarbeit« des Körpers nicht »im Wege stehen«, sondern uns in eine ruhige Ecke setzen, einen kleinen Spaziergang machen oder auf eine andere Weise der Alltagsroutine ausweichen.

Tiefes Durchatmen, Strecken und Gähnen helfen diese Phase einzuleiten, in der das sympathische Nervensystem (das unsere Erregungen und Aktivitäten steuert) in den Hintergrund tritt und das parasympathische Nervensystem (das die Entspannungs-, Regenerations- und Heilungsvorgänge einleitet) für kurze Zeit dominiert. Bewußte Atmung in gleichmäßigen und tiefen Zügen kann diesen Prozeß unterstützen – sie wirkt wie ein zusätzliches Signal, das wir den nun einsetzenden Körperprozessen geben können.

Während der ultradianen Regenerationsphasen reagieren unterschiedliche Temperamente und Typen verschieden: Eher logisch und analytisch denkende Menschen werden durch ihre Erinnerungen, Gedanken und unerledigten Probleme in Anspruch genommen, und ihr Denken kreist wie in einem quasihypnoiden Zustand um diese. Intuitive und gefühlsbetonte Menschen hingegen erleben in diesen Phasen eher sinnliche und bildhafte Eindrücke, manchmal fast traumähnliche Episoden. Während die Psyche »locker läßt«, manchmal eine kreative und introspektive

Phase durchlebt, ist der Körper mit der Synchronisierung von Rhythmen und Systemen beschäftigt und räumt gleichzeitig die »Verbrennungsprodukte« aus den Aktivphasen auf – die Oxidierungsabfälle und die »freien radikalen« Moleküle, die während der Zeit der höchsten Aktivität entstanden sind.

Die Respektierung der körpereigenen Rhythmen und Zyklen macht uns gesünder, leistungsfähiger und psychisch ausgeglichener. Immer deutlicher kann die Chronobiologie zeigen, daß es optimale Zeiten für bestimmte Aktivitäten und Abläufe in unserem Leben gibt, umgekehrt aber auch Phasen, in denen wir bestimmte Dinge tunlichst vermeiden sollten. Eine Chronohygiene des Verhaltens – das ist die Abstimmung aller unserer Tagesaktivitäten auf die natürlichen Rhythmen von Körper und Psyche – wird in Umrissen und als Idealvorstellung erkennbar. Wie und ob sie in der alltäglichen Lebenspraxis umzusetzen ist, bleibt der zunehmenden Einsicht in diese Zusammenhänge und der Überwindung von äußeren Zwängen überlassen: Arbeitszeiten, selbstauferlegter Streß und Hektik, Überstunden, erholungsfeindliche Lebensweisen, Konsumgewohnheiten und so weiter.

Die Frage nach dem »Wann« wird aber auch in der Medizin immer wichtiger. So treten bestimmte Krankheitssymptome zu unterschiedlichen Tageszeiten gehäuft auf, und bestimmte Krankheitsbilder zeigen ein deutlich rhythmisches Verhalten. Zum gefürchteten Herzinfarkt kommt es beispielsweise vor allem während der täglichen Aktivphase, also zwischen acht und achtzehn Uhr, sehr viel häufiger als nachts. Die größte Häufung wurde zwischen zehn und vierzehn Uhr festgestellt. Umgekehrt gilt, daß Hirninfarkte vor allem nachts eintreten.

Bedeutsam ist für die Medizin vor allem aber auch, wann bestimmte therapeutische Maßnahmen am wirkungsvollsten sind. Wann wirken beispielsweise Medikamente am besten im Körper? Das hängt unter anderem davon ab, wie lange die Wirkstoffe eines Medikaments an den entsprechenden »Empfängerstellen« am längsten und besten arbeiten können. Zunächst muß das Medikament aufgenommen werden, damit es je nach Beschaffenheit unterschiedlich schnell im Körper weitergeleitet werden kann. Noch bis vor kurzem schien es relativ gleichgültig, wann ein Patient seine Medikamente einnimmt, und die Medizin hat sich relativ wenig um den Einfluß der Einnahmezeit auf Wirkung und Nebenwirkungen gekümmert. Inzwischen jedoch gilt es als gesichert, daß der Einnahmezeitpunkt eine wesentliche Rolle für die Wirksamkeit spielt, was zum Entstehen eines neuen Teilgebiets der Medizin geführt hat: der Chronopharmakologie. Sie beschäftigt sich mit der Aufnahme, Verteilung und Ausscheidung eines Medikaments im Körper und versucht, die optimalen Einnahmezeiten und Darbietungsweisen herauszufinden.

Das »Wann« spielt aber auch für die Gestaltung einer gesunden Lebensweise eine immer größere Rolle, so etwa bei der Nahrungsaufnahnme. In Experimenten, bei denen die gesamte Tagesnahrung mit 2000 Kalorien entweder morgens oder nur abends gegessen wurde, konnte demonstriert werden, daß die alte Volksregel »morgens wie ein König, mittags wie ein Edelmann, abends wie ein Bettelmann« chronobiologisch fundiert ist: Die morgendliche Nahrungsaufnahme läßt das Körpergewicht eher zurückgehen, während dieselbe Nahrungsmenge am Abend zu einem deutlichen Gewichtsanstieg führt. Auch die Zeitabstände zwischen den Mahlzeiten spielen eine Rolle, wobei wahrscheinlich die ultradianen Rhythmen an der Verarbeitung (oder der nicht optimalen Verarbeitung) beteiligt sind. Wenn die Nahrungsaufnahme in drei Hauptmahlzeiten erfolgt, nimmt der Fettzuwachs stärker zu als bei einer Verteilung auf fünf oder sieben kleinere Mahlzeiten.

Die muskelbildenden Effekte sportlicher Übungen sind am Abend sehr viel größer als am Morgen, und bei systematischem Ausdauertraining ist die Zunahme der Leistungsfähigkeit am Mittag und am Nachmittag ebenfalls größer als beim morgendlichen Training.

Unser Körper verfügt über ein System von sich selbst steuernden Rhythmen und Zyklen, das seiner Gesundheit und Selbsterhaltung dient. Wir können durch Erfahrung und Einsicht, durch Selbstbeobachtung und Introspektion herausfinden, wie sehr diese Rhythmik uns hilft, gesund und leistungsfähig zu bleiben. Wie »rhythmusgerecht« wir uns schließlich verhalten, hängt von unserer Lebensweise ab, von unseren äußeren und selbstauferlegten Zwängen und Zeitplänen. Der Chronobiologe und Arbeitsphysiologe Gunther Hildebrandt meint: »Es sind offensichtlich die bewußtseinsabhängigen Funktionsänderungen und damit die Freiheiten menschlichen Verhaltens, die den Gegenspieler einer absoluten rhythmischen Ordnung darstellen. Daraus läßt sich folgern, daß der Mensch von Rhythmusstörungen im Rahmen seines freien Verhaltens Gebrauch machen muß und darf, allerdings nur in einem solchen Umfang, daß eine Wiederherstellung der zeitlichen Ordnungen seiner Lebensprozesse im Rahmen der Schlaferholung gewährleistet bleibt. Hier gelten offenbar die Regeln, die für jede Reizbehandlung zutreffen, nach denen ein gewisses Maß an Störungen erforderlich ist, um den Organismus zu inneren Ordnungsleistungen anzuregen und diese Fähigkeit auf einem gesunden Niveau zu halten. So wird es letztlich auch bei einer bewußt gestalteten Chronohygiene der Lebensordnung darauf ankommen, das richtige Mittelmaß zwischen individuell erlaubter Freiheit und absolut autonomer Ordnung zu finden.«

Friedrich Graffe / Helmut Braun

Wir alle werden älter

Der Anteil älterer und alter Menschen in der Gesamtbevölkerung steigt: In München gibt es derzeit über 200000 Menschen, also ca. 16 Prozent der Gesamtbevölkerung, die 65 Jahre und älter sind. Schon um die Jahrtausendwende, also in 7 Jahren, dürften es 260000 oder ca. 20 Prozent aller Münchnerinnen und Münchner sein. Die Folgen dieses gesellschaftlichen Alterungsprozesses sind in ihren Einzelheiten kaum vorhersehbar; Einigkeit besteht lediglich darin, daß »die mittelfristigen und erst recht die langfristigen Effekte des demografischen Wandels dieses Land und die Menschen nachhaltiger und einschneidender verändern werden als viele andere Prozesse, einschneidender selbst als die deutsche Einheit« (Hans-Ulrich Klose).

Gleichzeitig verändern sich die Menschen selbst, ihre Erwartungen und Einstellungen zum Leben im Alter. Höhere Eigenständigkeit, Unabhängigkeit, soziale Integration, verbesserter Gesundheitszustand und höhere Ansprüche auf Selbstbestimmung und Mitentscheidung bei der eigenen Versorgung sowie an die Qualität des Wohnens und des Wohnumfeldes prägen zunehmend mehr die Einstellung alter Menschen. Gleichzeitig gibt es unverändert eine große Gruppe alter Menschen, die sozial benachteiligt, hilfs- und pflegebedürftig und deshalb auf kommunale Dienstleistungen angewiesen sind.

Auch die Altenheime werden immer älter – und zwar im doppelten Sinn. Ein Teil der Altenheime stammt aus der Jahrhundertwende, aus einer Zeit also, in der Alter nur unter dem Gesichtspunkt der Bettlägrigkeit betrachtet wurde. Dementsprechend sind diese Häuser auch heute noch im Stil ehemaliger Spitale gebaut. Es sind riesige Bauten, auf großen Grundstücksflächen, seit Generationen ein ganzes Stadtviertel prägend, aber leider aufgrund ihrer Größe und der damit verbundenen weiten Wege im Haus weder für die Bewohner noch für das Personal besonders attraktiv. Konzeptionell haben sich die Häuser ihren überkommenen Heimcharakter bewahrt; Wohnen und Pflege sind zwei voneinander getrennte Bereiche, ihr Bezug zum Stadtteil hängt vom Engagement der jeweiligen Heimleitungen ab. Eine natürliche Offenheit zum Leben im Stadtteil, die beständigen Kontakt zwischen den Bewohnern des Heims und den Einrichtungen des Stadtviertels ermöglicht, ist eher selten. Dementsprechend sind derartige, oft als Klosteranlagen und Krankenhäuser konzipierte Einrichtungen ins Gerede gekommen: Leerstände, Defizite, alte Bausubstanzen, hohe Betriebskosten, Personalmangel, geringe Nachfrage im Wohnbereich – all dies sind Stichworte, die natürlich die Frage herausfordern, ob die Landeshauptstadt München überhaupt noch in der Lage ist, diese Einrichtungen weiterzuführen. Bisherige Lösungsüberlegungen gingen davon aus, die alten Häuser mit erheblichem Kosten- und Zeitaufwand zu modernisieren und baulich so umzugestalten, daß die Wohnräume und Versorgungseinrichtungen zwar derzeitigen Ansprüchen gerecht werden, der Heimcharakter und die Ausrichtung auf eine stationäre Versorgung aber unverändert bleibt.

Alt sein ist keine Krankheit

Die zunehmende Integration des Alters in die Gesellschaft erfordert eine Umorientierung kommunaler Altenhilfe. Altern ist ein kontinuierlicher Prozeß mit wechselnden Lebenssituationen, manchmal stufenweise sich erhöhenden Anforderungen. Selbstbestimmung, Eigenständigkeit, Integration in normale Lebensabläufe und Verhältnisse: Dies sind die Bezugspunkte, die auch für das Leben im Alter gelten und denen auch für das Leben in einer Einrichtung der Altenhilfe Geltung verschafft werden muß. Die Abläufe im Heim müssen dem Leben außerhalb des Heims soweit als möglich angeglichen werden. Denn dies ist die Normalität des Lebens, die jeder Heimbewohner vor seiner Übersiedlung in das Heim erfahren und gelebt hat. Die Schaffung von Normalität im Heimalltag hat organisatorische Aspekte und Verhaltensaspekte. Es gibt keinen Grund, den Krankenhausrhythmus auf Heime mit Schwerpunkt Pflege und Behandlung zu übertragen.

Darüber hinaus ist es nicht ausreichend, Versorgungsangebote für alte Menschen in der herkömmlichen Zweiteilung von stationärer Heimversorgung und ambulanter Versorgung in der angestammten Wohnung zu planen. Vielmehr gibt es eine ausbaufähige Vielfalt von abgestuften Angeboten, von denen jedes einzelne möglicherweise nur ein enges Marktsegment anzielt.

Zukunftsorientierte Konzepte in der Altenarbeit lösen deshalb die bisherige Trennung zwischen ambulantem und stationärem Bereich auf. Sie schaffen Platz für vielfältige Übergangsformen. Flexibilität, Differenzierung des Angebots und abgestufte Leistungspakete, die je nach Hilfebedürftigkeit des alten Menschen abgerufen werden können, sind wesentliche Eckpunkte einer solchen Neukonzipierung. Es müssen Wohnformen angeboten werden, die es dem alten Menschen ermöglichen, in der einmal bezogenen Wohnung zu bleiben, auch wenn sich der Pflege- und Versorgungsbedarf erhöht. Die heutige Verlegung vom Wohn- in den Pflegebereich muß aufgehoben werden. Wir brauchen ein tragfähiges, stadtteilbezogenes Hilfs- und Dienstleistungsangebot, das nur durch die Öffnung und Durchlässigkeit der Heime zum Stadtviertel hin vorangetrieben werden kann. Die zunehmende Orientierung der Altenheime auf stationäre Pflege und Betreuung muß zugunsten integrierter gemeinwesenorientierter Konzepte verändert werden. Die Alternative wären Heime, die zu »Sterbe- und Siecheneinrichtungen« werden.

Dalma Heyn
Keine Worte für diese Liebe

Erst wenn wir über ihre sexuellen Gefühle in diesen Liebesaffären sprachen – nachdem die Frauen bereits ihre Partner und auch ihre Gefühle für sie geschildert hatten –, stieß ich auf eine plötzlich einsetzende Unfähigkeit, sich zu artikulieren. Das geschah immer zum gleichen Zeitpunkt, lange, nachdem sie mir als Interviewerin vertrauten, nachdem wir schon eine ganze Zeit unbefangen miteinander redeten. Es war nicht, daß sie zögerten, etwas mitzuteilen, wie sich herausstellte, sondern daß sie plötzlich das Gefühl hatten, was sie meinten, sei nicht beschreibbar. »Ich habe das Gefühl, als könnten die mir zur Verfügung stehenden Worte nicht vermitteln, was ich meine«, sagte Tina, eine zweiunddreißigjährige Frau, die bis zu diesem Moment offen, ja mitteilungsfreudig gewesen war. »Mir fehlen plötzlich die Worte.«

Kate, eine äußerst selbstbewußte und artikulationsfähige Frau von achtundvierzig Jahren, schien ähnlich zu empfinden wie Tina:

> Ich glaube, ich habe nie mit jemandem über meine sexuellen Erlebnisse oder Gefühle gesprochen. Ich besitze kein Vokabular dafür. In der Analyse, die ich gerade mache, wo ich ständig über meine Phantasien und Gefühle reden soll, ist es wie ... ein großes Loch. Auch in der Zwiesprache mit mir habe ich dafür keine Worte. Irgendwie kann ich meine Erfahrung von Sexualität nicht objektivieren. Ich habe keine Begriffe für meine Gefühle.

Was sichtlich eine Rolle spielte, war das Gefühl der Frauen, daß ihre Worte mißdeutet werden könnten. Sie befürchteten, daß niemand wirklich verstehen würde, was ihre Beziehung ausmachte und wieviel sie ihnen bedeutete. Jede Zuhörerin, fürchteten sie, würde ihren Standpunkt ablehnen, sie nötigen, ihre Beziehung in einem negativen Licht zu sehen, würde sich auf die Seite der Tradition stellen. Am meisten machte ihnen die Vorstellung angst, daß ihnen die Zuhörerin etwas von ihrer Erfahrung wegnehmen könnte, irgendeine entscheidende Essenz davon, die sie behalten und nicht antasten lassen wollten. Außerdem bezweifelten sie, daß sie über die nötige Beredsamkeit verfügten, um ihr Vergnügen zu vermitteln.

Es war, als ob die Frage *»Warum schätzen Sie diesen anderen Mann so?«* die gefährlichste sei. So versuchte ich, wie ich es hier mit Edie, einer fünfunddreißigjährigen Englisch-Professorin, tat, herauszudestillieren, was genau an diesem Punkt so gefährlich war.

»Lieben Sie diesen Mann?«

»Hm, ja, in gewisser Weise. Aber ich bin nicht in ihn verliebt.«

»Was mögen Sie an ihm?«

»Er ist... ich weiß nicht... wirklich etwas Besonderes. Aber er würde Ihnen wahrscheinlich nicht so besonders vorkommen.«

»Sie brauchen mir nicht seinen Namen zu sagen und mir auch gar nichts über ihn zu erzählen. Ich möchte bloß wissen, welche *Gefühle* Sie ihm gegenüber haben.«

»Ich fürchte, es wird nicht so klingen, als sei er es wert, als sei er all diese Schwierigkeiten wert.«

»Sie meinen, ich würde nicht verstehen, daß Sie mit ihm zusammensein wollen?«

»Nun ja, oder daß meine Gefühle groß genug sind, um Liebe genannt zu werden.«

»Und Sie meinen, *ich* würde Sie darauf festnageln wollen, daß Sie ihn lieben sollen?«

»Das wäre wenigstens eine Begründung für das, was ich tue.«

»Befürchten Sie, daß ich sagen könnte: ›*Dafür* gefährden Sie Ihr vollkommenes Leben? Für einen großen, schlaksigen Mann mit braunen Augen, der nicht Shakespeare liest? Und Sie halten das vor Ihrem Mann geheim, einem gutaussehenden, blauäugigen Mann, der sehr wohl Shakespeare liest? Sie müssen verrückt sein! Dieses absurde Verhältnis nennen Sie Liebe?‹«

»Ja, genau. Daß er eigentlich nicht gut genug ist, um mir dieses gute Gefühl zu geben.«

»Ja – und daß Ihr Verhältnis Ihnen nicht dieses gute Gefühl geben sollte, wenn es nicht Liebe ist? Denn dann ist es wirklich gewissenlos.«

»Ja. Stimmt.«

»Aber selbst wenn ich das sagte – daß Ihre Gefühle falsch oder unanständig oder absonderlich oder was auch immer seien –, was würde geschehen? Was wäre, wenn ich sogar sagte: ›Das taugt nichts! Sie *haben* etwas Wertvolles mitten in Ihrer eigenen Küche. *Los jetzt*, junge Dame! Sie gehen sofort nach Hause zurück!‹ – Was würden Sie dann empfinden?«

»Daß Sie nichts verstanden haben.«

»Und dann würden Sie sich hoffnungslos mißverstanden fühlen?«

»Ja.«

»Aber dann könnten Sie es mir doch erklären, oder? ›Das ist das Gefühl, das mir so wichtig ist‹, oder ›Das ist der Grund, warum *Sie* mich vielleicht für verrückt halten, ich aber weiß, daß es nicht so ist‹.«

»Ich weiß nicht, ob ich Sie überzeugen könnte. Ich weiß es selbst nicht genau.«

»Aber Sie wissen es doch! Sie haben diese lange Fahrt gemacht, um es mir zu sagen! Ist es, daß Ihre Liebe ohne irgendeine offizielle Bestätigung nicht wirklich ist?«

»Nein. Eher, daß ich befürchte, sie könnte mir weggenommen werden. Dieses ganze Erlebnis könnte mir weggenommen werden.«

»So daß Ihnen in gewisser Weise ohne mein Verständnis oder meine Billigung Ihrer Geschichte oder Ihrer Person überhaupt nichts bleiben würde?«

»Nichts als eine dumme Wahl und Gefühle, die keinen Sinn ergeben, zusammengenommen ein riesiger Fehler.«

»Ja. Dabei haben Sie doch versucht, mir klarzumachen, wie klug Ihre Wahl war, wie sinnvoll Ihnen Ihre Gefühle erschienen sind. Und doch könnte ich sie einfach auslöschen?«

»Ja.«

Die Bedenken der Frauen, daß ihre Gefühle untergraben, ihre Erfahrungen entwertet und ihre Beziehungen verurteilt werden könnten, hingen untrennbar mit unserer gerade dann erfolgenden Erörterung ihrer sexuellen Gefühle zusammen – Gefühle, die, wie sie bekanntlich vor langer Zeit gelernt hatten, verboten und unaussprechlich waren. Sie betraten erneut dieses halb vergessene, halb vertraute sexuelle Terrain, wo Leidenschaft und Strafe unauflöslich miteinander verwoben sind, wo Frauen wissen, daß sie, um nicht völlig in Mißkredit zu geraten, ihre wahren Gefühle, Beobachtungen, Kenntnisse, Erfahrungen und Verhaltensweisen verschleiern und durch »anständigere« und akzeptablere ersetzen müssen. Diese Frauen wurden angesichts dieser Hürde so zuverlässig zum Schweigen gebracht, als wären sie sechzehn Jahre alt und müßten ihrem Vater die Wonnen beschreiben, die sie soeben auf den Rücksitzen eines Kabrios erlebt hatten.

Was anfangs als Artikulationsschwierigkeit erschien – dieses Zögern, über erotische Gefühle zu sprechen –, erwies sich bald als ein komplexeres Problem. Die Frauen standen mitten im Gespräch mit mir vor demselben zentralen Dilemma, das sie schon in ihrer Jugend und auch in der Ehe erlebt hatten: wie ein Mädchen bzw. eine Frau ehrlich über ihre tiefsten Gefühle sprechen kann, ohne unanständig genannt zu werden, wie sie sagen kann, was sie sich wünscht, ohne daß ihr Begehren »verwerflich« erscheint; wie sie über Sex sprechen kann, ohne mir zu mißfallen und irgendwie bestraft zu werden. Würde ich ihr glauben? Würde ich mich über sie lustig machen? Würde ich das Vergnügen des Erlebnisses aushöhlen, das sie mir zu vermitteln versuchten?

Natürlich gerieten diese Frauen in die Klemme, als sie die Männer zu beschreiben versuchten, mit denen sie schliefen, und den Genuß, den sie dabei empfanden! Diese Beziehungen, diese Männer, diese Gefühle waren ausdrücklich und entschieden tabu. Und so wurde erneut klar, daß Ehebruch gleichsam unaussprechlich ist. Das Unaussprechliche auszusprechen war in der Tat sehr gefährlich.

Erst als ich meine Position als allmächtige Schiedsrichterin spöttisch in Frage stellte – über meine Macht scherzte, ihre Gefühle zu bestätigen oder zu verwerfen –, begannen wir, gemeinsam zu verstehen, über wessen Rolle wir uns da lustig machten, wessen dröhnende Stimme genügend moralische Autorität hatte, um ihre eigene zum Schweigen zu bringen. Sie mußten wissen, daß diese Rolle, diese Stimme in der Tat existieren: Das eine ist die Verkörperung der Gesellschaft, das andere die Stimme des Patriarchats, und beide haben alle Frauen irgendwann sowohl stumm als auch dumm zu machen gesucht. Aber das war nicht meine Rolle oder Stimme. Sie mußten auch begreifen, daß sich andere Frauen in genau dem gleichen Augenblick genauso fühlten wie sie. Erst dann konnten wir fortfahren, über Liebe zu sprechen, denn erst dann konnten sie die Worte »Lust« und »Sex« ohne Hemmungen aussprechen.

Nun redeten sie über etwas Radikales, etwas, das Männer immer gehabt haben: das Recht, sich selbst nicht aus der sexuellen Gleichung auszuschließen – noch radikaler, das Recht, sich in dieser Gleichung an die erste Stelle zu setzen. Sie sprachen über eine emotionale und sexuelle Dynamik, die sie nie zuvor erlebt hatten, und sie gestalteten ihre Rolle darin selbst. Die Männer »unscheinbarer«, »sanfter«, der Sex »nicht so perfektionistisch«, »spielerischer«, »selbstbewußter«, die Freundschaft »gleichberechtigt«, vom Zwang befreit, »gut genug« zu sein, um geliebt zu werden – das waren die Kennzeichen dieser verbotenen, unkonventionellen Verbindungen. »Es fällt uns schwer zu akzeptieren, daß eine Frau meinen oder wollen kann, wovon man uns immer versichert hat, sie könne es unmöglich meinen oder wollen«, bemerkt Carolyn Heilbrun in »Writing a Woman's Life«. Nirgends fällt uns dies schwerer, als wenn eine Frau Lust meint und will, und wenn sie ausspricht, wer und was sie ihr verschafft.

In einem der drei Essays, die er zwischen 1910 und 1917 schrieb und die unter dem Titel »Beiträge zur Psychologie der Liebe« zusammengefaßt sind, weist Freud auf die Tendenz von Männern hin, Frauen in Madonnen und Huren einzuteilen – Ideale von Reinheit auf der einen Seite, Lustobjekte auf der anderen. Frauen hätten keine solche Neigung, »das Sexualobjekt abzuwerten«, schreibt er, aber er weist auf etwas hin, was er für dessen Konsequenz hält, auf die »notwendige Bedingung des Verbotes im erotischen Leben von Frauen«. Im dritten Essay merkt er an, Mädchen erklärten ganz offen, daß die Liebe ihren Wert verliere, wenn andere davon wüßten, und manche Frauen könnten nur in einer verbotenen Beziehung lieben, die geheimgehalten werden müsse und in der sie das sichere Gefühl hätten, allein von ihrem eigenen Willen angetrieben zu werden.

Möglicherweise sind das, was Frauen an diesen verbotenen, geheimen Beziehungen so gefällt, die völlig anderen Bedingungen, die sie in Verhältnissen dieser Art suchen und finden. Meine Gesprächspartnerinnen stellten fest, daß sie sich in diesen sanften Beziehungen selbstbewußt, gleichberechtigt und befreit vom

Zwang, zu gefallen, fühlten – drei Beziehungsaspekte, die für Frauen historisch gesehen in der konventionellen Ehe fehlen. Diese Gefühle sind es, die ihr Vergnügen ausmachen und definieren; sie sind es, die ihre Authentizität wiederherstellen und ihren Willen und ihre Sexualität befreien. Kein Wunder, daß sie es nicht riskieren wollen, diese Beziehungen aufs Spiel zu setzen. Denn man hat sie nicht gelehrt, ihre eigene Lust und Macht für wertvoll zu halten oder überhaupt danach zu streben, und Gleichberechtigung wird ihnen in Beziehungen, wie das Patriarchat sie billigt, nicht geboten.

Gidon Kremer

Lernen, lernen und nochmals lernen

Viele Lehrer in der Schule waren unglaubwürdig, machtbesessen und streng. Mir fällt ihre pedantische Art, sich zu kleiden, ein, das routinierte, aber monotone Vorlesen vorgegebener Texte, ihre Humorlosigkeit im Umgang mit uns. Als Farbe sehe ich bei Schule ein grünliches Beige. Ich glaube, innen waren die Wände tatsächlich so gestrichen. Ich habe das Grau der Schuluniform vor Augen, die roten Pionierhalstücher, rot wie die Lehrertinte in meinen Heften und das endlose Banner mit dem Lenin-Zitat: LERNEN, LERNEN UND NOCHMALS LERNEN. Schwarz waren die Schultische und die Tafel. Meine Hände erinnern das unangenehme Gefühl von Kreide ähnlich wie vom Sand am Meer. Ich habe den abgestandenen Geruch des Abwischlappens nicht vergessen, der hartnäckig auf der Haut blieb, und nicht das tägliche Gefühl der Erleichterung, wenn ich nach Unterrichtsende die breite Treppe hinunterrannte mit keinem anderen Wunsch als: weg, weg, weg!

Im Ohr habe ich das endlose Zerkauen irgendwelcher Parteidirektiven. Assoziative Gedanken frei zu äußern wurde als Unreife ausgelegt. Emotionen kamen selten vor, auch in den Musikfächern nicht. Libretti wurden klassenanalytisch seziert, die Partituren nach Leitmotiv und Septakkorden auseinandergenommen. Über die emotionalen Aussagen, die großen Gefühle und Visionen, nach denen ich suchte, die mich interessierten, wurde nicht gesprochen. Ich war auf der Suche nach Ideen, Überzeugungen, nach Freiräumen, die mich nicht in *eine* Kategorie zwingen würden. Ich blieb damit ziemlich allein. Die Mitschüler mit Neigung zum Systematischen hatten es leichter und oft auch die besseren Noten. Mein meist nur innerliches Ausbrechen aus allen Normen hatte zudem den Nachteil, daß ich in vielen Bereichen ohnehin Schwierigkeiten hatte, systematisch zu arbeiten und zu denken.

Ob »Systematiker« oder »Nichtsystematiker«, mit den Auswirkungen der »systematischen« Veränderungen des staatlichen Systems auf den Unterricht hatten wir alle zu tun. Sie zu verstehen war während meiner Schulzeit, die im Jahr nach Stalins Tod begann, nicht immer leicht.

Ich war in der dritten Klasse, als Chruschtschow 1956 auf dem 20. Parteitag das Ende des Personenkultes einleitete. Man brachte uns langsam bei, daß mit dem verehrten Stalin etwas falsch gelaufen sei. Ebenso hatte Chruschtschow auf dem Parteitag den Beginn des Tauwetters gegenüber dem Westen verkündet, was eine gewisse Öffnung auch im Inneren der sowjetischen Gesellschaft mit sich brachte. Gleichzeitig setzte aber Chruschtschow selbst wieder Grenzen mit seinem Geschmack, den man später, nach seiner Absetzung, Voluntarismus nannte. Gefiel ihm ein Ensemble am Bolschoitheater, dann war das gute Musik und mußte allen gefallen. Lachte er einen Abstrakten aus, machte er für alle klar: Abstrakte Kunst ist Mist. Dodekaphonie hielt er für Kakophonie, also Unmusik, und damit war sie weg vom Tisch des Staates. Es ist kein Widerspruch, daß in den Jahren der von Chruschtschow initiierten »Entstalinisierung« der Begriff »Dissident« entstand.

Uns wurde beigebracht, an seine Reformen zu glauben, die er nicht ohne Bauernschläue und Humor in seinen endlosen Reden dekretierte, die Wort für Wort und über Seiten in der »Prawda« abgedruckt wurden, und zwar mit den Reaktionen der Zuhörer, die jeweils in Klammern beschrieben waren: (Langanhaltender Beifall) oder (Die Deputierten erheben sich und klatschen) hieß: uninteressant, Absatz überspringen. Wir suchten Passagen, hinter denen (Lachen und Heiterkeit im Saal) verzeichnet war. Die versprachen Vergnügen, die lasen wir. Chruschtschow zog nicht nur in der UNO seinen Schuh aus, um damit protestierend auf das Pult der Weltorganisation zu schlagen, sondern sorgte auch im sowjetischen Alltag mit seinen meist spektakulären Auftritten für persönliche Farbe im politischen Einerlei.

Wir aber lernten in der Schule die Zehn Punkte (Gebote) aus dem Kodex zum Aufbau des Kommunismus auswendig und lernten zu glauben, daß in zwanzig Jahren der Kommunismus im »Vaterland aller Werktätigen« planmäßig verwirklicht ist. Über diese »lichte Zukunft« mußten wir viele Aufsätze schreiben. Die Aufgabe war, sich vorzustellen, wie toll es sein wird, wenn jeder das hat, was er sich wünscht, und jeder das gibt, was er hat. Mit solchen Träumen sind wir aufgewachsen, und ich habe sie gerne geträumt, wenigstens anfangs. Im Laufe der Zeit begriff ich, daß es nur um das Als-ob geht, und das machte mich müde.

Zwei Jahre vor Ende meiner Schulzeit wird Chruschtschow, dieser Mensch, der so viel versprochen hatte, der für ein Mehr an geschichtlicher Wahrheit eingetreten war, der mit seiner Persönlichkeit für öffentliches Amüsement gesorgt hatte, plötzlich abserviert und die »lichte Zukunft« per Dekret verschoben. Der Kommunismus, hieß es damals, ist wie der Horizont: Je näher man ihm kommt, desto weiter entfernt er sich.

Systematisch wurde uns das Interesse an Politik ausgetrieben. Die Mächte hinter den Kulissen waren für uns undurchschaubar. Vor ihren ungeschriebenen Gesetzen lernten wir das Schweigen, nicht aber Respekt, wir fügten uns nur.

In der zehnten Klasse merkte ich, daß Lernen mich etwas anging. Unsere Lehrerin für Literatur war krank geworden und wurde von einer anderen vertreten. Plötzlich wurde ich wach. Für die Dauer von drei Wochen wurde das Fach Literatur spannend, herausfordernd und bewegend. Ich fühlte mich berechtigt, Puschkin zu kritisieren, begeisterte mich für Dostojewski und zettelte im und nach dem Unterricht Diskussionen an.

In diesem kurzen Frühling der Literatur kamen in unserer Klasse die »Systematiker« in Schwierigkeiten. Ich entdeckte mich und die großen Fragen, die ich auf dem Herzen hatte, ihnen war die persönlich geführte Auseinandersetzung fremd. Ich spürte mich verstanden, gefördert und begann zu denken und zu formulieren, sie verstummten. Ich stieß in dieser Zeit auf zwei Bücher, die nicht auf dem Schulplan zu finden waren: »Also sprach Zarathustra« von Nietzsche und »Das Leben der Bienen« von Maeterlinck. Beide Bücher haben mich sehr beschäftigt und viel in mir aufgewühlt. Ich suchte jemanden, mit dem ich darüber sprechen konnte. Es war die Lehrerin, die beide Bücher kannte. Obwohl Nietzsche nach offizieller Denkart als bürgerlich dekadenter Philosoph galt und als Vordenker des Faschismus apostrophiert wurde, sein Werk dementsprechend in der Sowjetunion nur unter der Hand kursierte, konnte ich mit ihr über meine Gedanken und Fragen dazu offen reden. Andere Themen und Gedanken schlossen sich an und öffneten mir eine Welt des Lernens, die viel mit mir zu tun hatte. Die Lehrerin blieb eine Episode. Sie fand wenig Anklang im Rektorat und verschwand bald wieder. Im Literaturunterricht breitete sich für mich wieder das Schweigen aus.

Schweigen gehörte überhaupt zum Leben. Ohne daß man es ausdrücklich gesagt hatte, »wußten« ich und alle Kinder meiner Zeit sehr gut, was man nur in der Familie oder zu Freunden sagen durfte, was man für sich behalten mußte und worüber man in keinem Fall in der Schule reden durfte. Man sprach nicht über nationale Probleme, man schwieg besser zu den Äußerungen der politischen Führer, man hielt sich mit Bemerkungen über die unbefriedigenden ökonomischen Verhältnisse zurück. Man wußte, daß jedes Wort gegen einen verwandt werden konnte. Wer Erfolg haben wollte, schwieg besser und dachte sich sein Teil.

Die meisten Lehrer hielten sich streng an den Lehrplan und reagierten cholerisch auf Abweichungen. Sie blieben mir fremd. Sie waren Funktionsträger und gaben sich nicht als Personen zu erkennen, die eine individuelle Vergangenheit, Gegenwart und Zukunft haben. So war verständlich, daß unter uns Schülern eine Menge Gerüchte über sie kursierten. Von einem Mathematiklehrer hieß es, er hätte früher in einer Fußballmannschaft der Gestapo gespielt, von einem Deutschlehrer hieß es, er hätte intensive Beziehungen zum KGB. Hinter diesen drei Buchstaben stand für uns Allmacht, unsichtbar, aber überall vorhanden. In den Augen, die uns nicht offen ansahen, und hinter den leeren Worthülsen der Lehrer vermuteten wir als Geheimnis der Macht eine Gewalt, die nur *eine* Antwort, nur *eine* Interpretation auf die vielen Fragen zu Literatur, Geschichte, Gesellschaftskunde und Musik zuließ.

Wenn wir im Geschichtsunterricht von Kriegen, Eroberungen und Revolutionen hörten, wer wen unterdrückt und erschlagen hat, wer wen an den Rand des Meeres getrieben und in die Emigration geschickt hat, dann gab es nur eine Wahrheit: Die Roten hatten immer recht, Gewalt und Unterdrückung waren identisch mit den Weißen oder den Amerikanern, dem Imperialismus. Die Kommunisten dagegen kämpften für die gerechte Sache, waren meist Zielscheibe des Bösen, und metzelten sie ihrerseits, dann war es ein historischer Prozeß, der notwendigerweise nicht ohne Opfer abgehen konnte. Dieses Rot-Weiß-Schema lag nicht nur dem Unterricht zugrunde, sondern zog sich wie ein Glaubensbekenntnis quer durch alle Medien.

Für mich, der jeder gewalttätigen Auseinandersetzung aus dem Weg ging, der nie Bandit spielen wollte, waren entsprechende Filme im Fernsehen eine inhumane Rechtfertigung von Gewalt. Sie machten mir angst, die sich in meinem Schlaf als Alpträume fortsetzte. Die sakrosankte »objektive Wahrheit« im Geschichtsunterricht verordnete meinem subjektiven Empfinden, das gegen das angeblich gerechte rote Erschlagen revoltierte, Schweigen.

Wir wußten (aber nicht, warum), daß wir nicht denken, sondern wiederholen sollten. Wir ahnten, auf einer Oberfläche zu treiben, ohne etwas über die Gründe zu wissen. Die Oberfläche schien endlos und für uns oft das Ganze zu sein. So begnügten wir uns damit und vergnügten uns an ihren Rissen und in ihren Nischen. Unter der Schulbank wurde mit illegalen Raubpressungen der verpönten Rock- und Popmusik gehandelt. Als Tonträgermaterial dafür mußten belichtete, nicht mehr gebrauchte Röntgenfilme herhalten. So konnte es sein, daß von der Aufnahme eines Beinbruchs das »Yesterday« der Beatles erklang.

Mit einer gewissen Regelmäßigkeit betranken sich unsere Erzieher nach den Lehrerversammlungen. Derselbe Pädagoge, der mich wütend aus der Klasse geschickt hatte, weil ich einem Mitschüler etwas zugeflüstert hatte, war im alkoholisierten Zustand von einer zwar zwiespältigen Umgänglichkeit, die aber nicht mehr zu fürchten war. Im Gegenteil, wir lachten über sie und fühlten uns trotz des Alters- und Rangunterschieds überlegen.

Zu direkten Konflikten mit den Lehrern und dem Schulsystem kam es selten, aber ein-, zweimal geschah es doch. Als die Dresdner Staatskapelle in Riga konzertierte, freundete ich mich – ich sprach ja gut deutsch – schnell mit einigen Musikern an. Zusammen mit ein paar Schulfreunden besuchte ich die älteren ausländischen Kollegen im Hotel »Riga«. Wir waren damals fünfzehn oder sechzehn Jahre alt, spielten ihnen vor und wurden mit raren, für uns wertvollen Violinsaiten beschenkt. Abends nach ihrem Konzert wurden wir von unseren neuen Freunden im Hotel zum Essen eingeladen. Da stießen wir aber auf den außergewöhnlich strengen und unangenehmen Direktor der Lettischen Philharmonie, Philipp Schweinik. Wir hätten hier nichts zu suchen, schimpfte er und verjagte uns mit der Drohung, er würde sich beim Schuldirektor über uns beschweren. Schon zwei Tage später machte man uns in der Schule einen Prozeß wegen »Kontakten zu Ausländern«. Wir wurden einzeln aus den Klassen gerufen und verhört. Die Direktion war von einer höheren Instanz kritisiert worden, die Schüler ideologisch schlecht zu erziehen. Besorgt um ihr Image, war der Schulleitung jedes Mittel recht, uns zu maßregeln. Wir hätten nach neun Uhr abends zu Hause zu sein und dürften außerhalb der Schule nicht musizieren, schon gar nicht in einem Hotel. Der eine oder andere meiner Kameraden bekam von den Eltern weitere Vorwürfe zu hören. Wir versuchten zusammenzuhalten und die Vorwürfe nicht widerspruchslos hinzunehmen. Soja hatte Angst und brach in Tränen aus. Wendig wie Fische interpretierten Arkadij und ich unser Verhalten als normal und selbstverständlich und waren ehrlich erstaunt, daß es nicht so akzeptiert wurde. Felik hingegen provozierte und wollte wissen, wo geschrieben stand, daß er abends um neun Uhr zu Hause zu sein habe und außerhalb der Schule nicht musizieren dürfe. Wir demonstrierten die Solidarität der Unschuld. Nur Ljuda, die weder im Hotel mitgespielt hatte noch angeklagt war, stellte sich in der Klasse nicht auf unsere Seite und entschuldigte sich fast dafür, mit uns befreundet zu sein. Von Ljudas Vater munkelte man, daß er eine Funktion im Bereich des Geheimdienstes bekleide, und ich vermute, sie hat von zu Hause Druck bekommen. Erst Sojas Vater machte der Geschichte ein Ende. Er erschien auf dem Rektorat, pochte auf seine Parteizugehörigkeit, drohte mit seinen Einflußmöglichkeiten und behauptete, besser zu wissen, was für die Schüler gefährlich sei, diese »Ausländer aus dem sozialistischen Bruderland« jedenfalls nicht. Daraufhin wurde es still. Auch wenn wir am Schluß des Semesters eine schlechtere Zensur für Benehmen bekamen, änderte das unsere Überzeugung nicht, im Recht gewesen zu sein.

Mit einigen dieser deutschen Musiker hielt ich über viele Jahre Freundschaft. Ein Foto von unserem »Hotelzimmerkonzert« zeigt Felik, Arkadij, Soja und mich, wie wir über etwas lachen, was die Kamera nicht festgehalten hat.

Auch wenn für uns die Lektion in Sachen Staatsräson mit viel Rauch um nichts endete, lernten wir doch, wie leicht man – ohne Böses zu wollen – zur Unperson gemacht werden kann.

Jean Ziegler
Was ist der Tod?

Man kann den Tod, sein absolutes Grauen und seine eherne Sinnlosigkeit in jedem Lebensalter entdecken. Ein kurzes Aufblitzen genügt. Dieses kann zu jeder Zeit und an jedem Ort geschehen. Mich traf es an einem Winterabend des Jahres 1944 – ich war zehn Jahre alt – im Speisesaal des Thuner Waisenhauses. Männer der Wasserschutzpolizei hatten gerade einen schmächtigen, in eine Decke gehüllten Körper, den sie kurze Zeit zuvor aus dem eiskalten Wasser gezogen hatten, auf den Tisch gelegt. Es war Hans Berner. Sein hageres Gesicht war aschfahl. Aus seinen braunen Locken rannen Wassertropfen.

Hans Berner war ein magerer, begabter Junge. Wir hatten in der Götti-Bach-Schule in derselben Bank gesessen. Zwischen meinem sechsten und meinem zehnten Lebensjahr war er mein bester Freund gewesen. Er verbrachte die Ferien und häufig auch die Wochenenden bei uns. Als Waise, die keinerlei Familienangehörige hatte, war mein Freund schon sehr jung in diese Anstalt gekommen. In seiner Ratlosigkeit hatte der Direktor die Eltern der Schüler angerufen. Da ich im selben Viertel wohnte, war ich als erster eingetroffen. Die Trauerfeier war kühl, kurz und herzzerreißend.

Mit einem Schlage begriff ich: Unser ganzes Tun ist nichts als ein einziger Versuch, den Tod zu bannen. In den dunklen Windungen unseres Gehirns verborgen, beherrscht der Tod noch den nebensächlichsten Gedanken. Er lädt sich selbst zu allen Festessen ein. Wenn wir lachen, weint er in uns. Kein Projekt – nicht einmal jenes, das den Tod zu leugnen sucht – kommt ohne ihn zustande. Er beseelt noch die geringste unserer Leidenschaften. Der Schrecken des Todes wirft seinen Schatten auf alles und jeden. Er läßt keinen Bereich unseres Wesens unberührt. Das Wissen, daß mein Leben – mit einer Gewißheit, an der keine statistische Schwankung jemals etwas ändern wird – einmal endet, daß ich sterben werde, bestimmt seit jenem Abend im Waisenhaus all meine Entscheidungen. In jenem Augenblick wurde mein Wunsch zu leben und die Welt zu verstehen, grenzenlos. Da sich jedoch Endlichkeit (der Existenz) und Grenzenlosigkeit (des Lebenswunsches) schlecht miteinander vertragen, hat mich damals ein fieberhaftes Lebensgefühl erfaßt und seitdem nie wieder verlassen.

Gibt es etwas Verknöcherteres, Erstarrteres und Vermoderteres als die familiären, sozialen und staatlichen Institutionen, die mich hervorgebracht haben? Mein radikaler und endgültiger Bruch mit jeder Form von fester und stabiler Institution hat, wie es mir scheint, hier seinen Ursprung. Was ist eine Neigung, ein Streben oder, ganz einfach: der Lebensinstinkt anderes, als der gespannte, mutige, kluge, verzweifelte, lächerliche und vergebliche Wille, den Tod zu besiegen? Sich gegenüber dem immer siegreichen, alles verschlingenden Leviathan als ein unzerstörbares, universelles Wesen zu behaupten? Ich lehnte mich gegen die Unentrinnbarkeit des Todes auf. Obgleich ich heute daran mitwirke, die Welt zu verändern, ist es mir doch niemals gelungen, mich irgendeiner Institution unterzuordnen, ihre Regeln zu akzeptieren und die ihr zweifellos innewohnende Kraft zu nutzen.

Ich glaube nicht an die unsterblichen Meisterwerke, die mein Vater so sehr liebte, an die »Reiche der Vernunft«, die den Sternen gleich in einem Meer von Wahnsinn überdauern. Vielmehr glaube ich mit Maurice Merleau-Ponty an – mühsam erworbene – »Wissensfragmente«, die, von Mensch zu Mensch weitergegeben, die Wasserlinie unserer gemeinsamen Existenz anzuheben vermögen. Mit jeder Generation nimmt das Wissen zu, wächst unser Verständnis der Welt, erhöht sich das Maß »einklagbarer« Gerechtigkeit und Freiheit. Die Geschichte wird von einer Eschatologie durchzogen.

Bleibt die quälende, nie zu lösende Frage nach der Sinnlosigkeit unserer Existenz. Leben, um zu sterben... Ist das nicht empörend, unannehmbar? Aus diesem Grund müssen wir täglich – gemeinsam und individuell – für uns und für andere Glücksmomente schaffen; leben, um besser zu leben; so leben, daß unsere Existenz, gemessen am Tod, an ihrem Ende ein Maximum an Sinn enthält.

II. DIE WELT BEGREIFEN – ERKENNTNIS UND DEUTUNG

Hannah Arendt
Ein neues Geschichtsbewußtsein

Da Zeit, und zwar sowohl als Zeitlichkeit wie als Zeitfolge, eine so entscheidende Rolle im modernen Geschichtsbewußtsein spielt, wird zumeist angenommen, daß der neuzeitliche Geschichtsbegriff jüdisch-christlichen Ursprungs sei. Und es steht außer Zweifel, daß die Vorstellung von einer göttlichen Vorsehung und einem göttlichen Heilsplan, welcher alles, was sich je historisch ereignete, zu einer Einheit in der Zeit zusammenfaßt, einen linearen Zeitbegriff voraussetzt, der sich deutlich und prinzipiell unterscheidet von der Verabsolutierung einzelner Ereignisse des klassischen Altertums wie von den zyklischen Zeitspekulationen der Spätantike. Für die These, daß im modernen Geschichtsbewußtsein eine Säkularisierung ursprünglich christlich-theologischer Kategorien vorliege, hat man eine ganze Reihe von Tatsachen geltend gemacht: Nur unsere religiöse Überlieferung wisse von einem Anfang und, zumindest in ihrer christlichen Form, von einem Ende der Welt; wenn das irdische Leben der Menschen von einem Heilsplan prädestiniert ist, dann kommt der bloßen zeitlichen Abfolge bereits eine Bedeutung zu, die von allen einzelnen Ereignissen unabhängig ist und sie transzendiert. So habe auch erst das Christentum »einen klar gezeichneten Umriß der Weltgeschichte« ersonnen, und in Augustins »Civitas Dei« meint man der ersten Geschichtsphilosophie zu begegnen. Und tatsächlich findet sich bei Augustin schon der Gedanke, daß Geschichte selbst, nämlich dasjenige, dem eigentlich Sinn und Bedeutung zukommt, sich trennen läßt von einzelnen historischen Begebenheiten, wie sie chronologisch nacherzählt werden können. Er sagt ausdrücklich: »Wenn auch der historische Bericht uns die menschlichen Einrichtungen der Vergangenheit überliefert, so darf doch Geschichte selbst nicht unter die menschlichen Einrichtungen gerechnet werden.«

Diese scheinbare Verwandtschaft des christlichen und des modernen Geschichtsbegriffes beruht jedoch auf einer Täuschung. Sie ist vor allem daher entstanden, daß man begreiflicherweise und im Gefolge der christlichen Polemik gegen die heidnische Welt den christlichen Zeitbegriff an den zyklischen Zeitspekulationen der Spätantike maß und den klassischen Geschichtsbegriff mehr oder minder außer acht ließ. Augustins Polemik gilt in der Tat diesen Zeitspekulationen, auf die sich kein Christ einlassen konnte wegen der absoluten Einzigartigkeit der Geschichte von Geburt und Tod und Auferstehung Jesu. Wie Augustin betont: Einmal starb Christ für unsere Sünden, und, auferstanden von den Toten, stirbt er nie wieder. Was aber die modernen Interpreten nur allzu leicht vergessen, ist, daß Augustin dieser Einmaligkeit eines irdischen Ereignisses, die uns so vertraut klingt, keinen anderen historischen Vorgang an die Seite stellt. Es handelt sich nicht um die Einmaligkeit historischer Vorgänge überhaupt, sondern um die Einmaligkeit eines einzigen und darum einmaligen Vorganges, in welchem einmal und nie wieder die Ewigkeit selbst gewissermaßen in den Ablauf irdischer Vergänglichkeit einbrach, um sie zu erlösen.

Auch sollte uns zu denken geben, daß das Problem der Geschichte im christlichen Denken sich erst bei Augustin stellte und daß Augustin sich ihm eigentlich zufällig zuwandte. Der Anlaß war der Fall Roms, der sich zu seinen Lebzeiten zutrug und der von Christen und Heiden als eine entscheidende Wende verstanden wurde. Was Augustin interessierte, war die Widerlegung dieser verbreiteten Meinung, und sein Hauptargument dafür bildete, daß kein weltliches Ereignis je wieder von Menschen zentral ernst genommen werden dürfe. Ihn interessierte das, was wir Geschichte nennen, so wenig, daß er nur ein einziges Buch in der »Civitas Dei« weltlichen Ereignissen widmete; und wenn er seinen Freund und Schüler Orosius damit beauftragte, eine »Weltgeschichte« zu schreiben, so hatte er damit nicht mehr im Sinne als ein »wahrheitsgetreues Compendium der Übel der Welt«.

Denn Augustins eigene Haltung zur Geschichte ist im Grunde, trotz umgekehrter Vorzeichen, von der der Römer nicht grundsätzlich unterschieden. Auch er behandelt die Vergangenheit als eine Vorratskammer von Exempeln, und innerhalb weltlicher Geschichte spielt für ihn der zeitliche Ort eines Ereignisses gar keine Rolle. Säkulare Geschichte wiederholt sich und ist dauernd wiederholbar; der einzige geschichtliche Ablauf, der als Ablauf von einmaliger, unwiederholbarer Bedeutung ist, endet mit Tod und Auferstehung Christi. Danach sind wir wieder von den Auf- und Untergängen weltlicher Mächte umgeben, und zwar bis zum Ende der Welt. In ihnen wird sich nie wieder eine grundlegende neue Wahrheit offenbaren, und die Christen werden davor gewarnt, diesem ganzen Treiben irgendeine Bedeutung beizulegen.

Alle ursprünglich christliche Philosophie kann ja gar nicht umhin, den Menschen als einen bloßen »Pilger auf Erden« anzusehen, und dies allein würde genügen, den christlichen Geschichtsbegriff grundsätzlich von dem der Neuzeit zu scheiden. Aber der Christ hat mit dem Römer gemein, daß, wenn weltlichen Ereignissen überhaupt eine Bedeutung zukommen soll – etwa als Beweis für die Übel der Welt –, diese Bedeutung den Charakter von Exempeln hat, das heißt, daß ihre Bedeutung gerade darin liegt, daß Konstellationen sich wiederholen und man vergangenes Handeln und vergangene Erfahrung als Beispiel benützen kann. (Gewiß ist diese Haltung sehr weit auch von der griechischen entfernt, für welche die heroischen und wunderbaren Taten und Werke der Sterblichen, wie Dichter und Geschichtsschreiber sie berichteten, das Maß abgeben sollten, die eigene mögliche Größe zu messen. Verglichen mit dem sogenannten »agonalen« Geist der Griechen, für den nichts so galt wie das ἀεὶ ἀριστεύειν [aei aristeuein], die nie endende Bemühung, der Beste von allen zu sein, sich vor allen auszuzeichnen, ist die römische wie die christliche Einstellung zur Geschichte eine moralische, deren Voraussetzung ist, daß man aus der Geschichte etwas lernen kann, was immer wieder gültig ist, weil es sich wiederholt.) Im Gegensatz dazu steht und fällt der spezifisch moderne Geschichtsbegriff damit, daß der geschichtliche Prozeß in seiner Weltlichkeit eine einmalige Geschichte erzählt und daß Wiederholungen sich in ihm eigentlich nicht ereignen können.

All dies scheint mir evident, aber es mag noch nicht entscheidend sein. Den Ausschlag für den nicht-christlichen Ursprung des modernen Geschichtsbegriffes gibt vielleicht, daß nichts gerade unserem historischen Bewußtsein fremdartiger anmuten dürfte, als die christliche Vorstellung von einem Anfang und einem Ende der Welt, daß die Welt in der Zeit geschaffen ist und schließlich zugrunde gehen muß, wie alle zeitlichen Dinge. Allerdings müssen wir, um dies zu verstehen, unseren gegenwärtigen Kalender ernster nehmen, als es gewöhnlich geschieht. Denn unser Geschichtsbewußtsein entstand nicht, als im 6. Jahrhundert Dionysius Exiguus vorschlug, die historische Zeit vom Jahre der Geburt Christi zu rechnen, oder als die Juden, und zwar sehr spät, erst im Mittelalter, von der Erschaffung der Welt her ihre Zeitrechnung bestimmten. Wir kennen ähnliche chronologische Einrichtungen aus orientalischen Zivilisationen, und die christliche Chronologie tauschte nur die römische Zeitrechnung, die von der Gründung der Stadt Rom her rechnete, mit der christlichen ein, die von der Geburt Jesu her rechnet. Das Prinzip ist dasselbe. In prinzipiellem Gegensatz zu all diesen Zeitrechnungen steht unsere eigene, die erst Ende des 18. Jahrhunderts eingeführt wurde und in der Christi Geburt als ein Wendepunkt gefaßt ist, von dem her man Zeit nach rückwärts wie nach vorwärts gleichermaßen berechnen kann.

Diese neuzeitliche Reform des Kalenders wird in den Geschichtsbüchern gemeinhin damit erklärt, daß es sich hier um eine notwendige technische Verbesserung handele, welche die genaue Festsetzung von Daten in der Geschichte des Altertums außerordentlich erleichtere, weil man nun nicht mehr von dem Durcheinander verschiedener Zeitrechnungen geplagt werde. Sie diene, mit anderen Worten, vorwiegend gelehrten Zwecken. Dieser Ausdeutung hat dann Hegel, maßgeblich für fast alle Späteren, seine Deutung zugefügt, derzufolge im modernen Kalender eine wahrhaft christliche Zeitrechnung zur Geltung komme, da in ihm die Geburt Christi zum Wendepunkt der gesamten Weltgeschichte geworden sei.

Keine dieser Erklärungen ist befriedigend. Kalenderreformen für gelehrte Zwecke sind nichts Neues; sie wurden oft in der Vergangenheit versucht, ohne doch lebendig [im Alltäglichen] akzeptiert zu werden, und zwar gerade darum, weil sie nur gelehrten Zwecken dienten und nicht einem geänderten Zeit- und Geschichtsbegriff entsprachen. Gegen Hegels Deutung scheint vor allem zu sprechen, daß der Kalender eben in dem Moment »christlich« wurde, als Christi Geburt als Wendepunkt der Geschichte überhaupt weniger, zum mindesten weniger nachdrücklich, empfunden wurde als in all den Jahrhunderten zuvor. Entscheidender ist, daß diese Deutung das eigentlich Neue des modernen Kalenders übersieht, nämlich, daß nun zum ersten Male die Geschichte der Menschen ebenso in eine sich ins Unendliche erstreckende Vergangenheit greift, die wir nach Belieben anreichern können nach Maßgabe unseres Forschens, wie sie sich in eine unendliche Zukunft erstreckt. Diese zwiefältige unendliche Erstreckung in die Vergangenheit und die Zukunft macht alle Vorstellungen von Anfang und Ende unmöglich. Wenn wir sie ernst nehmen, können wir nur sagen, daß mit diesem Zeitgefühl es ist, als hätte die Menschheit sich in einer Art *möglicher* irdischer Unsterblichkeit etabliert. Was auf den ersten Blick wie eine Christianisierung der Weltgeschichte aussieht, scheidet in Wahrheit alle spezifisch christlich-religiösen Zeitspekulationen aus der weltlich-irdischen Geschichte aus.

Sofern es sich um weltlich-säkulare Geschichte handelt, leben wir seit dem Ende des 18. Jahrhunderts in einem Prozeß, der keinen Anfang kennt und daher auch für eschatologische Erwartungen eines prädestinierten Endes keinen Raum hat. Was sich dabei herausgestellt hat, ist unter anderem, daß die alte Alternative zwischen linearem und zyklischem Zeitbegriff, wobei der erstere einen Anfang und ein Ende haben müsse, eben für unseren Zeitbegriff nicht mehr zutrifft, wiewohl sie die akademischen Auseinandersetzungen noch maßgeblich bestimmt. Wir leben durchaus in einer linearen Zeitvorstellung, und dennoch hat diese lineare Zeit weder Anfang noch Ende. Auf jeden Fall dürfte nichts der christlichen Tradition fremder sein als die mögliche irdische Unvergänglichkeit, die sie beinhaltet.

Claus Helmut Drese

Das Zürcher »Ring«-Konzept

Meiner eigenen Inszenierung von Richard Wagners »Ring des Nibelungen« im Opernhaus Zürich, zusammen mit dem italienischen Maler Ul de Rico, liegt folgendes Konzept zugrunde:

Genesis und Apokalypse

Das zentrale Thema dieser Kosmologie ist die Zeit. Die Zeit, die in Erscheinung tritt als Erda. Sie sagt den Satz, der als Motto gelten kann: »Alles, was ist, endet. Ein düsterer Tag dämmert den Göttern.« Die Vergänglichkeit des Seienden ist die Prophezeiung der Erda. Sie warnt vor den Folgen der Macht, die Wotan auszuüben sich anschickt. Sie warnt ihn davor, auf Liebe zu verzichten, Leben zu opfern, die Zukunft der Erde aufs Spiel zu setzen. Wotan folgt ihrem Rat, verzichtet auf die Macht über die Welt. Er muß den Ring, Herrschaftssymbol, aufgeben und zieht sich nach Walhall zurück. Die Götter wandern aus.

Wenn Erda schläft, wachen die Nornen. Ihre Szene in der »Götterdämmerung« liefert den Schlüssel zum Verständnis des ganzen Werkes. Die Nornen repräsentieren Vergangenheit, Gegenwart und Zukunft. Das Seil, das sie spannen, reißt ab. Das Ende steht bevor. Walhall geht in Flammen auf.

Die Geschichte des »Ring des Nibelungen« wird in drei Generationen dargestellt. Richard Wagner bedient sich der Methode eines dramaturgischen Zeitraffers, um die Entwicklung der menschlichen Kultur darzustellen. Die Generationen entsprechen kulturgeschichtlichen Epochen. Aus dem »Ring« ist eine Geschichtsphilosophie herauszulesen, die den Wandel der Zeiten versinnbildlicht.

»Das Rheingold«, das ist zunächst einmal die Welt der Götter, der Riesen und der Nibelungen: also Weltanfang, mythische Vorzeit. Was Götter sind, wie sie aussehen, wie sie wirken – das ist ethnologisches Forschungsfeld. Wagner selbst hat in »Oper und Drama« formuliert: »Gott und Götter sind die ersten Schöpfungen menschlicher Vorstellungskraft. In ihnen stellt sich der Mensch das Wesen der natürlichen Erscheinungen als von einer Ursache hergeleitet dar. Als diese Ursache begreift er aber unwillkürlich nichts anderes als sein eigenes menschliches Wesen.« Mit diesem Schlüsselsatz gibt Wagner zu verstehen, daß Götter sich verhalten, als ob sie Menschen wären. Sie sind Wesen unserer Vorstellungskraft.

Die Handlung von »Rheingold« spielt nicht im Kontor eines frühkapitalistischen Industrieunternehmens, sondern in vorgeschichtlicher Mythologie. Aber niemandem ist es verwehrt, in der glacialen Atmosphäre, in den paläontologischen Visionen des Werks sich selbst zu erkennen.

»Die Walküre« – das zweite Werk der Tetralogie spielt in der Frühgeschichte der Menschheit. Der Menschheitsfrühling ist bestimmt von der Inzestliebe der Götterkinder Siegmund und Sieglinde. Aber ihr Paradies ist nur von kurzer Dauer. Der Todesengel erscheint Siegmund; er muß sterben um des Gesetzes willen. Wotan hat sich den neuen Gesetzestafeln unterwerfen müssen: Du sollst nicht lieben dein eigen Blut – Du sollst nicht brechen die Ehe – Du sollst nicht brechen deinen Eid – Du sollst Zeugnis ablegen von Wahrheit und Recht – Du sollst Gehorsam zeigen gegenüber deinen Eltern. Fricka, Hüterin des Matriarchats, ist es, die diesen »Dekalog« verkündet. Das Göttergesetz weicht dem Sittengesetz, Moral tritt an die Stelle der ursprünglichen Freiheit. Wotans Wille ist zum zweitenmal gebrochen. Er zieht sich endgültig aus der Weltherrschaft zurück. Aber ein Held ist ihm geboren, Frucht der verbotenen Liebe zwischen Siegmund und Sieglinde. Auf ihn setzt er alle Hoffnungen, die Welt vor den Mächten des Bösen zu schützen. Und der Todesengel Brünnhilde – die Walküre – empfängt die Liebesbotschaft für den Helden, der Sieg und Frieden bringen soll.

»Siegfried« – der freie Mensch ist geschaffen. Die Neuzeit beginnt. Reifezeit des Sommers, spätes Mittelalter: Entstehungszeit der Nibelungensage, Abenteuerphantasie des Heldenzeitalters. Der Mensch steht im Mittelpunkt, er schmiedet die Wunderwaffe neu, erschlägt damit seinen Ziehvater, tötet den Drachen, entdeckt, erlöst und liebt Brünnhilde. Märchenmotive mischen sich mit alten Heraklesmythen. Die Götter haben sich aus der Welt zurückgezogen. Es gibt nur noch den »Wanderer«, den Archetypus des »Alten«, der das Göttliche in der Welt durch Weisheit ersetzt, sich in Rätselversen zu erkennen gibt. Siegfried löst seine unbewußten Bindungen an die göttliche Herkunft. Der neue Mensch zerschlägt den Speer Wotans. Er ist frei von Furcht, aber auch frei von Verantwortung, frei von Maß und Recht: Der vaterlose Held, durch Drachenblut in die Vogelsprache eingeweiht, weiß nicht, wer er ist, auch Brünnhilde vermag ihn nicht zu binden.

»Götterdämmerung« – ist das Werk der Jetztzeit, Vollendung des Menschenzeitalters. Die Natur ist ausgebeutet, zerstört. Eine moribunde Gesellschaft hat ihren Sinn, ihre Werte, ihre Götter verloren. Alle Energie dient der Machterhaltung, dem Prestige und der Repräsentation. Jedes Mittel ist recht, den Schein von Rechtmäßigkeit aufrechtzuerhalten. Drogen, Halluzinationen, Maskerade ersetzen die natürliche Identität. Siegfried, der Freie, ohne Sinn und Gewissen, läßt sich mißbrauchen als sexueller Stellvertreter. Der Ring wechselt den Besitzer. Hagen schlägt Siegfried hinterrücks tot: Rache Alberichs im Kampf um die Macht. Götter sind als Standbilder Kunstobjekte; Erinnerungen an alte Kultur, vergessene Riten. Es ist die Welt des Zynismus, die alle Figuren korrumpiert. Außer Brünnhilde: Sie erkennt die Wahrheit und stirbt für sie. Walhall geht in Flammen auf. Loge triumphiert. Die perfekte Zerstörung findet statt – oder nicht?

Der Schluß ist offen. Ist der »Ring« eine Parabel für ein neues Menschengeschlecht? Anfang eines neuen Schöpfungszyklus? Oder ein Bild der wirklichen Apokalypse? Was bedeutet das Symbol des Ringes? Meint Richard Wagner wie in der antiken Tragödie: Erkenntnis durch Erfahrung und dadurch Katharsis? Die Anfangssituation von »Rheingold« ist wiederhergestellt. Die Rheintöchter bewachen das Gold. Alberich setzt an zu neuer Eroberung. Wie wird der Kampf ohne Götter ausgehen?

John C. Eccles
Die Einzigartigkeit eines jeden Selbst

Die zeitgenössische Philosophie vernachlässigt die Probleme, die sich aus der erfahrenen Einzigartigkeit eines jeden Selbst ergeben. Diese Vernachlässigung ist vermutlich eine Folge des allgegenwärtigen Materialismus, der – wie Searle betont hat – für die grundlegenden Probleme, die sich aus der spirituellen Erfahrung ergeben, blind ist. Das Hodgson-Zitat über die Suche nach einem Lebenssinn und seiner religiösen Bedeutung* findet meine vollste Zustimmung.

Die häufigste Antwort der Materialisten lautet, daß unsere erfahrene Einzigartigkeit eine Folge unserer genetischen Einzigartigkeit sei. Das einzigartige Genom, in dem man die Basis für die erfahrene Einzigartigkeit sieht, ist das Ergebnis einer ungeheuer unwahrscheinlichen genetischen Lotterie (eins zu $10^{15\,000}$ bei der vorsichtigen Schätzung von 50000 menschlichen Genen) (Eccles, 1989). Außerdem ist – wie Stent (1981) darlegte – die phänotypische Entwicklung des Gehirns aufgrund der Auswirkungen dessen, was Waddington (1969) »Entwicklungsrauschen« (»development noise«) genannt hat, weit von den genotypischen Instruktionen entfernt. Zum Beispiel hat der Genotyp mit dem Aufbau des Gehirns zu tun, aber er wirkt in einer Umgebung, die seinen phänotypischen Aufbauprozeß auf grundlegende Weise modifiziert. Aufgrund des unterschiedlichen Entwicklungsrauschens tragen die identischen Genome bei eineiigen Zwillingen zum Aufbau unterschiedlicher Gehirne bei.

Eine häufige und auf den ersten Blick plausible Antwort auf dieses Rätsel ist die Versicherung, der bestimmende Faktor sei die

* »Ich glaube, wir alle halten nach einem Zweck Ausschau, den zu erkennen und zu verfolgen wir uns bemühen sollten und den unser Leben gewiß erfüllen wird, wenn es richtig gelebt wird, und der richtig und gut ist. Er mag auch Gottes Absicht mit uns sein. Ich denke, die Vorstellung eines Lebenszwecks ergibt mehr Sinn im Zusammenhang mit einem Gott oder einem weiter verstandenen Bewußtsein.«

Einzigartigkeit der im Lauf des Lebens gesammelten Erfahrungen eines Selbst. Ich bin gern bereit zuzugeben, daß unser Verhalten und unsere Erinnerungen und in der Tat die ganze Fülle unseres inneren, bewußten Lebens von den gesammelten Erfahrungen unseres Lebens abhängen; aber so extrem die Veränderungen auch sein mögen – an einem bestimmten Punkt der Entscheidung, den der Druck der Umstände bestimmen könnte, wäre man immer noch dasselbe Selbst und könnte dessen Kontinuität bis zu den frühesten Erinnerungen aus dem ersten Lebensjahr zurückverfolgen; und man fände dasselbe Selbst in einem anderen Gewand. Es ist unmöglich, daß ein Selbst ausgelöscht und ein neues geschaffen wird!

Da materialistische Lösungen darin versagen, unsere erfahrene Einzigartigkeit zu erklären, bin ich gezwungen, die Einzigartigkeit des Selbst oder der Seele auf eine übernatürliche, spirituelle Schöpfung zurückzuführen (Eccles, 1989).

Es ist die Gewißheit des inneren Kerns einer einzigartigen Individualität, die keine andere Lösung als eine »göttliche Schöpfung« zuläßt. Ich gestehe ein, daß keine andere Erklärung haltbar ist; weder die genetische Einzigartigkeit mit ihrer phantastischen und unmöglichen Lotterie noch abweichende Umwelten, anhand derer unsere Einzigartigkeit nicht *bestimmt*, sondern nur modifiziert wird.

Diese Schlußfolgerung ist von unschätzbarer theologischer Bedeutung. Sie unterstützt entschieden unseren Glauben an die menschliche Seele und ihren wunderbaren Ursprung in einer göttlichen Schöpfung. Sie enthält nicht nur das Bekenntnis des transzendenten Gottes, Schöpfers des Alls – des Gottes, an den Einstein glaubte –, sondern auch des immanent wirkenden Gottes, dem wir unser Dasein verdanken.

Ich drücke hier meine Bemühungen aus, ein Selbst – mein Selbst – als erfahrendes Wesen zu verstehen. Ich spreche davon in der Hoffnung, daß wir menschlichen Ichs einen verwandelnden Glauben an den Sinn und die Bedeutung dieses wundervollen Abenteuers finden mögen, das jedem von uns auf dieser heilsamen Erde beschieden ist und auf der wir alle über ein wunderbares Gehirn verfügen, das uns gehört, um es zu steuern und zu gebrauchen für unser Gedächtnis, für unsere Freude und Kreativität und mit Zuneigung für andere menschliche Wesen.

Wie es Pascal so unvergleichlich ausdrückte, existiert jeder von uns als ein Selbst, zu einer Zeit und an einem Ort, jenseits unseres Verständnisses. Weshalb hier und nicht anderswo? Weshalb jetzt und nicht zu einer anderen Zeit? Sind wir nicht Teilhaber an dem Sinn, wo sonst kein Sinn ist? Erfahren und genießen wir nicht Freundschaft, Freude, Harmonie, Wahrheit, Liebe und Schönheit in einem Universum, das im übrigen ohne Geist ist?

Ernst Mayr

Evolutionärer Fortschritt ohne Endzwecke

Für einige Darwinisten scheint der Begriff evolutionärer Fortschritt heikle Fragen aufgeworfen zu haben. Wie kann ein strikt opportunistischer Konkurrenzkampf zu Fortschritt führen? Darwin scheint gelegentlich selber solche Zweifel gehabt zu haben; sie spiegeln sich in einer Randbemerkung in seiner Ausgabe der »Vestiges« wider: »Gebrauche nie die Worte höher oder niedriger.« Andere, die ebenfalls einen Fortschritt bezweifelten, wiesen auf die ununterbrochene Existenz der Archaebakterien und anderer Prokaryonten hin, auf das unverminderte Gedeihen der Einzeller und niedrigeren Pilze bis in die Gegenwart, auf die Parasiten und die Höhlenbewohner. Keine dieser Formen kann man als fortschrittlich im Sinne von »höher« bezeichnen; gleichwohl wachsen und gedeihen sie auch weiterhin. Also ist, sagte man, die Evolution einfach ein Prozeß der Spezialisierung. Und dennoch, wer kann im großen und ganzen einen Fortschritt leugnen, von den Prokaryonten, welche die belebte Welt mehr als drei Milliarden Jahre lang beherrschten, zu den Eukaryonten mit ihrem gut organisierten Zellkern und ihren Chromosomen und zytoplasmotischen Organellen, von den einzelligen Eukaryonten zu den Pflanzen und Tieren mit einer strikten Arbeitsteilung zwischen den hochspezialisierten Organsystemen und, innerhalb der Tierwelt, von Kaltblütern, die auf Gedeih und Verderb dem Klima ausgeliefert sind, zu den Warmblütern, ferner innerhalb der Warmblüter, von Typen mit kleinem Gehirn und geringer sozialer Organisation zu denen mit einem größeren zentralen Nervensystem, hochentwickelter Elternliebe und der Fähigkeit, von Generation zu Generation Informationen weiterzugeben?

Versuche, den Fortschritt zu definieren, hat es viele gegeben. Für Lamarck zum Beispiel wie für viele Wissenschaftler des 19. Jahrhunderts war der Mensch ganz eindeutig der vollkommenste Organismus; alle Formen des Lebens wurden, ausgehend von ihrem angeblichen Fortschreiten Richtung Mensch, in einer einzigen senkrechten Reihe angeordnet. Heute wissen wir: Vielfalt ist die charakteristischste Eigenschaft der Evolution, und das Leben hat sich nicht nur sehr früh innerhalb der Prokaryonten in Eubakterien und Archaebakterien aufgeteilt, sondern die Eukaryonten brachten nach ihrer Entstehung sehr bald die Einzeller und die Reiche der Pilze, Pflanzen und Tiere hervor. Innerhalb eines jeden dieser Reiche entwickelten sich buchstäblich Tausende verschiedener Stammeslinien, von denen die meisten nicht im geringsten zu den Merkmalen des Menschen hin tendierten. Ebensowenig kann die Vorherrschaft einer Gruppe auf der Erde als Kriterium von Fortschritt betrachtet werden. Auf dieser Grundlage käme den Gefäßpflanzen eine größere Dominanz als dem Menschen und sogar den Insekten zu. Und vor nicht einmal zehntausend Jahren waren die Vorfahren des Menschen alles andere als vorherrschend auf der Erde.

Gelegentlich wird strukturelle Komplexität als ein Zeichen von Fortschritt erwähnt, aber Trilobiten und Plakodermen waren in ihrer Struktur offenbar komplexer und möglicherweise spezialisierter als der heutige Mensch. Huxley (1942) betrachtete die Emanzipation von der Umwelt als wichtigen Gradmesser von Fortschrittlichkeit, und nach diesem Kriterium rangiert der Mensch sicherlich höher als jeder andere Organismus. Aber ist Unabhängigkeit von der Umwelt wirklich ein Gradmesser für Fortschrittlichkeit?

Setzt man sich mit evolutionärem Fortschritt auseinander, so kann man sich anscheinend kaum von Kriterien lösen, die dem Menschen Überlegenheit sichern; denn man gehört ja selbst zu der Art Mensch. Es gibt jedoch zwei Kriterien für Fortschrittlichkeit, die beträchtliche objektive Gültigkeit beanspruchen könnten. Eines davon ist Elternliebe (gefördert durch innere Befruchtung), die das Potential dafür bereitstellt, auf nichtgenetischem Wege Informationen von der einen Generation an die nächste weiterzugeben. Der Besitz solcher Information ist natürlich im Kampf ums Dasein von außerordentlichem Wert. Diese Informationsübertragung schafft zugleich einen Selektionsdruck zugunsten eines verbesserten Speicherungssystems für derlei erinnerte Information, das heißt für ein vergrößertes zentrales Nervensystem. Und selbstverständlich ist die Kombination von nachgeburtlicher Fürsorge und vergrößertem zentralen Nervensystem die Grundlage jeglicher Kultur, die zusammen mit der Sprache den Menschen von allen anderen lebenden Organismen trennt. Doch selbst wenn wir den Erwerb dieser Fähigkeiten als Beweis für evolutionären Fortschritt bezeichneten, spräche dies durchaus nicht für Endzwecke, da diese Entwicklungen eindeutig durch natürliche Auslese bewirkt wurden.

Gleichgültig, ob man sich nun die höchsten Säugetiere und Vögel, die staatenbildenden Insekten, die Orchideen oder die Riesenbäume ansieht: Es schien einigen Evolutionstheoretikern unvorstellbar, der langsam verlaufende Kampf ums Dasein zwischen Individuen einer Art könne bei so vielen Stammeslinien den doch tatsächlich zu beobachtenden Fortschritt erklären. Jeglichen evolutionären Fortschritt als das Ergebnis der Konkurrenz zwischen den Individuen einer Art anzusehen, stellt in der Tat eine Vereinfachung dar, ist dieser individuellen Auslese doch ein Prozeß übergeordnet, der traditionell als Artselektion bezeichnet wird, obwohl Artersetzung oder Aufeinanderfolge von Arten wahrscheinlich bessere Ausdrücke dafür wären. Ein individueller Organismus konkurriert nicht nur mit den Mitgliedern seiner eigenen Art, sondern kämpft ums Dasein auch gegen Mitglieder anderer Arten. Dieser Prozeß ist vermutlich die wichtigste Quelle evolutionären Fortschritts. Jede neu gebildete Art muß, soll sie evolutionär erfolgreich sein, in irgendeiner Hinsicht einen evolutionären Fortschritt darstellen. Darwin erklärte dies folgendermaßen: »In einem bestimmten Sinne aber müssen, nach meiner Theorie, die neueren Formen höher sein als die älteren; denn jede neue Art wird gebildet [das heißt ist erfolgreicher geworden], weil sie gegenüber anderen und älteren Formen irgendeinen Vorteil im Kampf ums Dasein hatte« (1859). Wenn die Konkurrenz zwischen Individuen verschiedener Arten zum Aussterben einer der konkurrierenden Arten führt oder zumindest dazu beiträgt, handelt es sich um einen Fall von Artersetzung. Daß Konkurrenz zwischen Arten zum Aussterben eines der Konkurrenten führen konnte, wußten Lyell und andere vorevolutionäre Wissenschaftler natürlich längst.

Eine neue Art trägt im Kampf ums Dasein nur dann den Sieg über eine bereits bestehende davon, wenn sie irgendeine neue, und sei es auch die kleinste evolutionäre Erfindung gemacht hat.

Dabei könnte es sich um eine Verbesserung des Verdauungsapparats oder des Nervensystems, der Lebensweise oder irgendeines der unzähligen anderen Details handeln, in denen sich die sogenannten höheren Organismen von den niedrigeren unterscheiden. Daher lassen sich alle makroevolutionären Entwicklungen, ob es sich nun um Spezialisierungen, Verbesserungen oder andere Neuerungen handelt, voll und ganz mit Darwins Mechanismen der Variation und Selektion, der Artbildung und des Aussterbens erklären. Kein einziger bedarf einer finalistischen treibenden Kraft, welcher Art sie auch sein mag.

Eine eingehende Untersuchung des evolutionären Fortschritts zeigt, daß seine charakteristischen Merkmale nicht die sind, die man bei einem von Endzwecken gesteuerten Prozeß erwarten würde. Fortschrittliche Veränderungen in der Geschichte des Lebens sind weder vorhersagbar noch zielgerichtet. Die beobachteten Fortschritte sind willkürlich und in hohem Maße verschieden. Es ist stets ungewiß, ob neu erworbene Anpassungen von dauerhaftem Wert sind. Wer hätte zu Beginn der Kreidezeit vorausgesagt, daß bis zum Ende dieses Zeitalters das blühende Taxon der Dinosaurier aussterben würde? Zeiten des Stillstands wechseln mit Zeiten ungeheuer schnellen evolutionären Wandels. Evolutionäre Trends verlaufen selten auf längere Zeit geradlinig, und wenn eine solche Geradlinigkeit auftritt, dann läßt sich in den meisten Fällen zeigen, daß sie auf eingebauten Zwängen beruht.

Heute können wir mit Sicherheit zeigen: All die evolutionären Phänomene und Aspekte evolutionären Fortschritts, die frühere Generationen als unwiderlegbare Beweise für eine Teleologie ansahen, sind völlig im Einklang mit der natürlichen Auslese. Phänomene, die auf einer Verkettung historischer Ereignisse beruhen, können nicht dem Wirken einfacher Gesetze zugeschrieben und daher nicht auf die gleiche Weise bewiesen werden wie von den exakten Wissenschaften untersuchte Phänomene. Jedoch stimmen sie mit den Erkenntnissen der Genetik und mit der Theorie der natürlichen Auslese in ihrer modernen, differenzierten Form überein. Niemand hat die finalistische These der Evolution überzeugender widerlegt als Simpson (1949; 1974). Er zeigte auf, daß jede evolutionäre Linie ihren eigenen Weg geht und man evolutionären Fortschritt nur bezogen auf diese besondere Stammeslinie definieren kann. Nichts erschien in der geologischen Vergangenheit fortschrittlicher als die Ammoniten und die Dinosaurier, dennoch sind beide Taxa ausgestorben. Hingegen haben viele evolutionäre Linien, die Hunderte oder Tausende Jahrmillionen lang keinerlei Fortschritt erkennen ließen, bis auf den heutigen Tag überlebt, etwa die Archaebakterien und andere Prokaryonten. Fortschritt ist also durchaus kein allgemeingültiger Aspekt der Evolution; das müßte aber der Fall sein, wenn Evolution durch Endzwecke hervorgerufen würde.

Ilya Prigogine/Isabelle Stengers

Was heißt es, die Welt zu »verstehen«?

Max Jammer hat die Diskussion zwischen Bohr und Einstein mit der Korrespondenz zwischen Leibniz und Clarke verglichen: »In beiden Fällen prallten diametral entgegengesetzte philosophische Auffassungen über fundamentale Probleme der Physik aufeinander; in beiden Fällen prallten zwei der größten Geister ihrer Zeit aufeinander; und so wie die berühmte Korrespondenz zwischen Leibniz und Clarke (1715–1716) – ›*peut-être le plus beau monument que nous ayons des combats littéraires*‹ (Voltaire) – nur eine kurze Manifestation der tiefgreifenden Meinungsverschiedenheit zwischen Newton und Leibniz war, so waren auch die Diskussionen zwischen Bohr und Einstein in der Halle des Hotels Métropole in Brüssel nur der Höhepunkt einer Debatte, die sich über viele Jahre hinzog, wenn auch nicht in Gestalt eines direkten Dialogs. Sie ging sogar noch nach Einsteins Tod (18. April 1955) weiter, denn Bohr hat wiederholt bekannt, er habe sich innerlich weiter mit Einstein auseinandergesetzt, und immer, wenn ihn ein fundamentales Problem der Physik beschäftigt habe, habe er sich gefragt, wie Einstein darüber gedacht hätte. Und die letzte Zeichnung, die Bohr am Abend vor seinem Tode (18. November 1962) auf die Tafel seines Arbeitszimmers auf Schloß Carlsberg warf, war eine Skizze von Einsteins Photonenkasten, und sie hing mit einem der großen Probleme zusammen, das in seinen Diskussionen mit Einstein erörtert worden war.«

Oft wird gefragt, welche kulturellen Einflüsse das Denken von Einstein und Bohr geprägt haben und ihre Meinungsverschiedenheiten erklären könnten. Doch was immer sie trennte, ihre Gemeinsamkeiten sind wichtiger. Die Leidenschaft, die ihre Diskussionen beseelte, das emotionale und intellektuelle Engagement, mit dem sie der Frage nachgingen, welchen Zugang uns die Physik zur Realität eröffnet, läßt sie als wahre Erben unseres abendländischen Vermächtnisses erscheinen. Die abendländische Wissenschaft war nicht bloß ein intellektuelles Spiel oder eine Quelle nützlicher Praktiken, sondern ein leidenschaftliches Streben nach

Wahrheit. Ungeachtet der erkenntnistheoretischen Vorbehalte, mit denen man einem Begriff wie der »Wahrheit« begegnet, und ungeachtet aller sonstigen Faktoren, die an der Entwicklung der Wissenschaft beteiligt waren (Streben nach Macht, nach Ansehen, nach wirtschaftlicher Stärke usw.), bleibt es doch eine historische Tatsache, daß die abendländische Wissenschaft nicht das wäre, was sie ist, wäre sie nicht von der Überzeugung getragen gewesen, daß sie einen Weg zum Verstehen der Welt eröffnet. Mochten sich Bohr und Einstein auch, was die Natur der Quantenrealität angeht, nicht einig sein, so gehörten sie doch der gleichen Kultur an. Wenn wir, wie es auch in diesem Buch geschieht, diese kulturelle Tradition akzeptieren – und mit ihr die Aufgabe, die sie der Wissenschaft aufbürdet, sowie den engen Zusammenhang zwischen Wissenschaft und Philosophie –, dann heißt das nicht, daß diese Tradition anderen überlegen sei, sondern nur, daß wir in ihr den unverwechselbaren Ausdruck unserer eigenen Kultur sehen.

Was heißt es also, die Welt zu »verstehen«? Heisenberg beschreibt in seinen Erinnerungen einen Besuch auf Schloß Kronborg, bei dem Bohr die folgende Überlegung anstellt: »Ist es nicht merkwürdig, daß dieses Schloß ein anderes wird, wenn man sich vorstellt, daß Hamlet hier gelebt hat? Von unserer Wissenschaft her würde man doch glauben, das Schloß besteht aus Steinen; wir freuen uns an den Formen, in denen sie der Architekt zusammengefügt hat. Die Steine, das grüne Dach mit seiner Patina, die Holzschnitzereien in der Kirche, das ist wirklich das Schloß. An alledem ändert sich gar nichts, wenn wir erfahren, daß Hamlet hier gelebt hat, und doch ist es dann ein anderes Schloß [...] In Wirklichkeit wissen wir fast nichts über Hamlet. Nur eine kurze Notiz in einer Chronik aus dem 13. Jahrhundert soll den Namen ›Hamlet‹ enthalten [...] Aber jeder von uns weiß, welche Fragen Shakespeare mit dieser Gestalt verbunden, in welche Abgründe er dabei hinabgeleuchtet hat, und so mußte die Gestalt auch einen Ort auf dieser Erde bekommen, und sie hat ihn hier in Kronborg gefunden. [...]«

Bohrs Überlegungen auf Schloß Kronborg erhellen das Leitmotiv seines Lebens als Wissenschaftler: daß die Frage nach der Realität nicht von der Frage der menschlichen Existenz zu trennen sei. Was ist das Schloß Kronborg unabhängig von den Fragen, die wir ihm stellen? Dieselben Steine könnten uns etwas von den Molekülen sagen, aus denen sie zusammengesetzt sind, von den geologischen Schichten, aus denen sie stammen, von den Fossilien, die sie möglicherweise enthalten, von den kulturellen Einflüssen, denen der Architekt, der das Schloß errichtete, unterlag, oder von den Fragen, die Hamlet bis in den Tod verfolgten. Jede dieser Fragen ist berechtigt und erhellt die pluralistische Natur der Realität.

Im Dialog zwischen Einstein und dem indischen Dichter und Philosophen Tagore kommt wohl am klarsten die Auseinandersetzung zwischen den beiden Konzeptionen von Wahrheit und Objektivität zum Ausdruck, die der Diskussion zwischen Einstein und Bohr zugrunde liegen. Einstein kam in diesem Dialog zu dem Schluß, er selbst sei »religiöser« als sein Gesprächspartner. Gegenüber Tagore vertrat Einstein die Konzeption einer Realität, welche die Wissenschaft als unabhängig von der menschlichen Existenz zu beschreiben hat. Ohne dieses Ideal wäre die Wissenschaft für Einstein ohne jedes Interesse. Er gab jedoch zu, daß man niemals würde beweisen können, daß eine wissenschaftliche Wahrheit eine »übermenschliche« Objektivität besitzt. Sein Realitätsbegriff beruhte also auf einer, wenn man so will, religiösen Überzeugung, die für sein Leben als Wissenschaftler unverzichtbar war. Tagore dagegen meinte, daß die Realität, der die Wahrheitsfrage gelte – sei sie nun wissenschaftlicher, ethischer oder philosophischer Natur –, eine relative sei: »Das Papier hat eine Realität, die von der Realität der Literatur unendlich verschieden ist. Für den Geist, den die am Papier nagende Milbe besitzt, ist die Literatur absolut inexistent, doch für den Geist des Menschen hat die Literatur einen größeren Wahrheitswert als das Papier selbst. Wenn es also eine Wahrheit gibt, die keinen erkennbaren oder rationalen Bezug zum menschlichen Geist hat, so wird sie für uns so lange inexistent sein, wie wir Menschen bleiben.« Für Tagore war die Wahrheit also ein offener, nicht endender Dialog mit dem Ziel, nicht zu einer unabhängigen Realität vorzustoßen, sondern den »universalen menschlichen Geist« (das heißt alle Fragen, Interessen und Bedeutungen, für welche Menschen empfänglich sind oder werden können) mit dem »individuellen« Geist, der eine bestimmte Ansicht äußert, zu versöhnen.

Dem Erkenntnisideal, das Einstein beschrieb, strebt die Physik seit ihren Anfängen nach. Könnten wir – das hatte schon Leibniz betont – die »volle« Ursache und die »ganze« Wirkung bestimmen, dann würde unsere Erkenntnis an die Vollkommenheit der Erkenntnis heranreichen, die Gott von der von ihm geschaffenen Welt besitzt. René Thom hält es auch heute für unvermeidlich, auf den Gott des Determinismus Bezug zu nehmen, den Gott einer Welt, »in der es für das Nichtformalisierbare keinen Raum gibt«. Diese metaphysische Orientierung, die die Wissenschaft mit der Suche nach einer von der menschlichen Existenz unabhängigen Realität verbindet, hat sich immer wieder darin geäußert, daß man sich auf Gott bezog, der – so Einstein – nicht würfelt oder der – so Planck – den Ort und zugleich die Geschwindigkeit eines Teilchens kennt; oder daß man von Dämonen sprach – sei es der von Laplace, der aufgrund der vollständigen Beschreibung seiner Gegenwart die Vergangenheit und die Zukunft des Universums zu errechnen vermag, oder der von Maxwell, der durch die Manipulation einzelner Moleküle die Annäherung ans Gleichgewicht umzukehren vermag.

Aber muß man diese metaphysische Orientierung auch heute noch mit dem Ideal wissenschaftlicher Erkenntnis gleichsetzen? Warum sollten wir das Phantasma einer von ihren eigenen Wurzeln abgeschnittenen Erkenntnis als die einzig mögliche Quelle von Wahrheit und Sinn akzeptieren? Wir werden daher die Richtung einschlagen, die Tagore umschrieben hat. Eine wissenschaftliche Objektivität, die unsere Beziehungen zur Welt am Ende für illusorisch erklärt, sie gar als »bloß subjektiv«, »bloß technisch« oder »bloß instrumentell« abwertet, ist sinnlos. All unsere Meßvorrichtungen, unsere Instrumente der wissenschaftlichen Objektivität, ohne die es keine Physik gäbe, implizieren einen Pfeil der Zeit.

Einstein sagte, es sei ein Wunder, daß die Welt sich als verstehbar erweise. Wenn aber das von Einstein gefeierte Verstehen gerade das verneint, was dieses Verstehen ermöglicht, wenn es die Bedingungen seines Gelingens reduziert auf eine aus »lediglich praktischen« Gründen vorgenommene Näherung, so ist das kein Wunder mehr, sondern eine Absurdität!

Volker Sommer
Meme sind denkbar

Fortpflanzung und Evolution sind an Substrate und Strukturen gebunden, die sich reproduzieren können. Hierzu gehören die Gene unseres Erbgutes. Gene instruieren die jeweiligen sie »umhüllenden« Körper, sich fortzupflanzen, d. h. in ihnen gespeicherte Information zu kopieren. Gene sind aber nur *eine* bestimmte, historisch gewordene Form sich vermehrender Einheiten. Andere sich »replizierende« Informationssysteme sind denkbar – beispielsweise Lebensformen, die auf Silizium statt Kohlenstoff beruhen, oder solche, die auf elektronischen Schwingungen aufbauen.

Der britische Evolutionsbiologe Richard Dawkins hob in seinem Buch »Das egoistische Gen« (1976) die Idee aus der Taufe, auf unserem Planeten sei »kürzlich« eine neue Art von Replikator aufgetreten: »Zwar befindet er sich noch im Anfangsstadium, treibt noch unbeholfen in seiner ›Ursuppe‹ herum, aber er ruft bereits evolutionären Wandel hervor, und zwar mit einer Geschwindigkeit, die das gute alte Gen weit in den Schatten stellt. Das neue Urmeer ist die ›Suppe‹ der menschlichen Kultur.« Dawkins suchte einen Namen für den neuen Replikator, ein Substantiv, das die Assoziation einer Einheit der kulturellen Vererbung vermittelt oder eine Einheit der *Imitation*. Das Wort »Mimem« kam von einer geeigneten griechischen Wurzel, aber er suchte ein einsilbiges Wort, das ein wenig wie »Gen« klang. So verkürzte er Mimem zu »Mem«.

Als Beispiele eines Mems nannte Dawkins »Melodien, Gedanken, Schlagworte, Kleidermode, die Art, Töpfe zu machen oder Bögen zu bauen«. Und er hob Ähnlichkeiten zwischen Gen und Mem hervor: »So wie Gene sich im Genpool vermehren, indem sie sich mit Hilfe von Spermien oder Eiern von Körper zu Körper fortbewegen, so verbreiten sich Meme im Mempool, indem sie von Gehirn zu Gehirn überspringen mit Hilfe eines Prozesses, den man [...] als Imitation bezeichnen kann. Wenn ein Wissenschaftler einen guten Gedanken hört oder liest, so gibt er ihn an seine Kollegen und Studenten weiter. Er erwähnt ihn in seinen Aufsätzen und

Vorlesungen. Kommt der Gedanke an, so kann man sagen, daß er sich vermehrt, indem er sich von einem Gehirn zum anderen ausbreitet.«

Biologische und kulturelle Evolution haben dieser Theorie zufolge analoge Strukturmerkmale. Beide Prozesse basieren a) auf einem Informationsfluß, wobei b) das Substrat der biologischen Information das Genom ist und das der kulturellen Information das Gehirn. c) Die jeweils kleinsten Informationseinheiten sind Gen bzw. Mem. d) Beim Gen erfolgt die Informationsübertragung *nur* bei der Befruchtung, beim Mem erfolgt sie durch Lehren und Lernen. e) Beim Gen erfolgt die Kommunikation *nur* durch Moleküle – also hauptsächlich DNS –, während Mem-Kommunikation sich der Sinnesorgane bedient. f) Der Gen-Transfer erfolgt nur in einer Richtung, nämlich von den Eltern auf die Nachkommen, während beim Mem-Transfer jedes Individuum der Lehrer vieler Individuen sein kann und seinerseits von vielen Individuen lernen kann. g) Gen-Transfer ist nur einmal während des Entwicklungszyklus möglich, während Meme kumulativ in vielen kleinen Schritten übertragen werden können. h) Gen-Information wird im Genom gespeichert, Mem-Information im Gedächtnis oder dessen Vorhuten, etwa Sprache, Schrift, elektronische Medien. i) Genetische Evolution entsteht durch Kopierfehler – sprich: Mutationen im elterlichen Erbgut –, deren Folgen für die Fortpflanzungschancen der Nachkommen durch die natürliche Auslese bewertet werden. Zur kulturellen Evolution kommt es, wenn sich – zufällig, wie bei der Mutation, oder durch eine neue Idee – der Informationsgehalt der Mem-Folge ändert. j) Veränderungen der genetischen Information vollziehen sich zwangsläufig äußerst langsam – in »evolutionären« Zeiträumen –, da sie nur während des Keimzellenstadiums des Entwicklungszyklus auftreten können. Ihre Geschwindigkeit korreliert deshalb mit der Generationsdauer. Bakterien, die sich in weniger als einer Stunde vermehren, können sich schneller wandeln als Mammutbäume, die nur einmal alle hundert Jahre fruchten. Kultureller Wandel kann sich demgegenüber rasch – in »historischen« Zeiträumen – vollziehen: Eine neue Kleidermode kann ein Volk innerhalb einer Woche überschwemmen, ein Wimbledon-Sieg zu einer frenetischen Bautätigkeit von Tennisplätzen führen. k) Gene sind erfolgreich, wenn sie Umweltressourcen über ihre Trägerorganismen monopolisieren können, und zwar auf Kosten anderer Gene. Meme sind erfolgreich, wenn sie in Gehirnen viel Speicherplatz monopolisieren können, der sich in Verhaltensanteilen niederschlägt.

Bisher haben wir das Phänomen der Homosexualität lediglich unter dem Gesichtspunkt beleuchtet, ob es von der langen Leine der genetischen Fitneß-Maximierung kontrolliert sein könnte, wie es die Konzepte der Verwandtenunterstützung, elterlichen Manipulation und des reziproken Altruismus annehmen. Mit der Dawkinsschen Theorie eröffnet sich eine völlig neue Perspektive, die allerdings weiterhin auf den Prinzipien der Evolutionsbiologie aufbaut. Es ist – Dawkins zufolge – denkbar, daß »Kultur-Meme« Speicherplätze in Gehirnen besetzt haben und dort munter ihre Vermehrung betreiben. Religiöse Ideen von Himmel und Hölle, Gedichte und Gebete, Sonaten und Sinfonien wären komplexe Konglomerate von Information, die wie die Gene Reduplikation um ihrer selbst willen betreiben. Analog den Genen im »Gen-Pool« wird sich ein Mem im »Mem-Pool«, den Gehirnen, um so erfolgreicher fortpflanzen, je systematischer es dieses Gehirn programmiert, Zeit in seine Verbreitung zu investieren. Könnte es nicht sein, daß von zeitraubender Kinderaufzucht befreite Personen besonders geeignete Verbreiter von Memen sind? Könnte es nicht sein, daß Homosexualität ein Trick bestimmter Meme ist, um sich erfolgreicher zu propagieren?

Um diese Hypothese beurteilen zu können, ist es hilfreich, Meme hinsichtlich ihres möglichen Verhältnisses zum Trägerorganismus zu klassifizieren. Vier Gruppen lassen sich unterscheiden: a) Ein *symbiotisches Mem* fördert Verhalten, das sowohl für sich selbst adaptiv ist wie für den Organismus (wobei »Organismus« das Genom einschließt, welches das Gehirn als Herberge des Mems »bauen« ließ, als auch das genannte Konglomerat von Memen, das Memom): »Sex macht Spaß, probier es aus«; »Fliegenpilze sind giftig, iß die bloß nicht.« b) Ein *schwieriges Mem* fördert Verhalten, das maladaptiv für sich selbst ist, aber adaptiv für seinen Organismus. Meme dieser Kategorie sind schwer zu lehren oder zu lernen und tendieren deshalb dazu, mit dem Gehirn zu sterben: »Ich weiß, wo die Schokolade ist, aber ich verrate es dir nicht.« c) Ein *schlechtes Mem* fördert Verhalten, das maladaptiv für sich und den Organismus ist: »Entsage der Welt; verschwinde spurlos; springe heimlich in einen feurigen Vulkan, aber laß keine goldenen Sandalen am Kraterrand zurück.« d) Ein *parasitisches Mem* ist adaptiv für sich selbst, aber maladaptiv für seinen Organismus: »Jesus sagt: Werdet Eunuchen für das Himmelreich; folgt seinem Auftrag: Entsagt aller fleischlichen Liebe.«

Bisher haben wir eine *symbiotische* Beziehung zwischen hypothetischen »homosexuellen« Memen und Genen angenommen. Die Möglichkeit der indirekten Gen-Replikation mittels Verwandtenunterstützung muß hingegen ausgeschlossen werden, wenn ein zum Zölibat aufrufendes Mem statt als symbiotisch in die letztgenannte Kategorie der *parasitischen* Meme eingestuft werden soll.

Um abzuschätzen, wie parasitäre Meme die Fortpflanzung ihrer Wirte beeinflussen könnten, ist der Vergleich mit parasitischen Genen instruktiv. Parasiten lassen ihre Wirte im allgemeinen am Leben, da sie sonst ihre eigene Ausrottung riskieren. Die *Reproduktion* des Wirtes ist allerdings irrelevant für den Parasiten. Häufig »kastrieren« sie ihre Wirte, indem sie deren Keimdrüsengewebe zerstören oder Fortpflanzungsverhalten und hormonelles Gleichgewicht stören und so bewirken, daß der Wirt seine reproduktiven Anstrengungen verringert. Eine solche Strategie wird von vielen Parasiten verfolgt, darunter zahlreichen tierischen Einzellern, Platt- und Rundwürmern. Zu den in ihrer Reproduktion behinderten Wirtsorganismen zählen Krebse, Seesterne, Schnekken, Insekten, Fische und Säugetiere wie etwa die Weißfuß- und Hirschmäuse.

Die Vorteile, welche Parasiten von der Kastration ihrer Wirte haben, sind a) größere Verfügbarkeit von Energie, b) längere Lebensdauer des Wirtes und c) gesteigertes Wachstum des Wirtes. So lagern kastrierte Wirtsorganismen oft mehr Fett ein, das dem Parasiten bei der Produktion eigener Nachkommen zugute kommen kann. Außerdem werden Risiken und Energieverbräuche herabgesetzt, welche die Wirtsfortpflanzung normalerweise begleiten – wie Territoriumsverteidigung, Nestbau, Konkurrenz um Paarungspartner, Austragen, Ernähren und Verteidigen von Nachkommen –, was die Lebensdauer von Wirtsorganismen erhöht. Zudem wachsen manche kastrierten Wirte schneller und werden insgesamt größer, etwa von Saugwürmern befallene Schnecken der Spezies *Peringia ulvae*. Auch das kann Parasiten Vorteil bringen, da größere Wirte weniger leicht Opfer von Raubfeinden werden dürften und bei der Nahrungskonkurrenz mit Artgenossen Vorteile haben.

Das Szenario der parasitischen Kastration läßt sich leicht von der Gen- auf die Mem-Ebene extrapolieren. Auch Meme lassen ihre Wirte im allgemeinen am Leben, da sie sonst ihre eigene Ausrottung riskierten: Nach dem Massenselbstmord der Mitglieder einer religiösen Sekte – wie er vor einigen Jahren in Guyana vorkam – starb das Sekten-Mem aus. Die Reproduktion ihrer Wirte ist hingegen irrelevant für parasitische Meme. Richard Dawkins: »Das Mem für das Zölibat wird von Priestern an junge Burschen weitergegeben, die noch nicht entschieden haben, was sie mit ihrem Leben anfangen wollen. Das Medium der Übermittlung ist menschlicher Einfluß der verschiedensten Art, das ausgesprochene und geschriebene Wort, das persönliche Beispiel usw. Nehmen wir um des Argumentes willen an, es sei zufällig so, daß die Ehe die Kraft eines Priesters vermindere, seine Gemeinde zu beeinflussen – zum Beispiel weil sie einen großen Teil seiner Zeit und Aufmerksamkeit in Anspruch nimmt. Dies ist in der Tat offiziell als ein Grund dafür vorgebracht worden, daß den Priestern das Zölibat aufgezwungen wird. Wäre dies tatsächlich der Fall, dann würde daraus folgen, daß das Mem für die Ehelosigkeit einen größeren Überlebenswert hat als das Mem für die Ehe. [...] Wenn ein Priester eine Überlebensmaschine für Meme ist, so ist das Zölibat eine Eigenschaft, die ihm einzupflanzen nützlich ist.«

Diese Überlegung läßt sich ohne weiteres auf Homosexualität übertragen. Wenn der Erfolg eines Mems entscheidend davon abhängt, wieviel Zeit ein Mensch darauf verwendet, es geschäftig an andere Menschen weiterzugeben, dann ist jeder Augenblick, der auf andere Dinge verwendet wird als auf die Mem-Übermittlung, vom Standpunkt des Mems verschwendete Zeit. Komplizierte Mem-Sequenzen und umfassende Mem-Komplexe – etwa die Fähigkeiten zur Bildhauerei, zum Komponieren von Oratorien, zum Schreiben von Romanen, zum Ballettanz, zum Elaborieren der Mystik der Dreieinigkeit, zum Praktizieren schamanistischer Riten – haben vermutlich größere Überlebensmöglichkeiten, wenn die Mem-Träger von der zeit- und energieraubenden Kinderaufzucht freigestellt sind und von einer heterosexuellen Ehe, die einen Großteil der Aufmerksamkeit in diese Richtung lenkt. Gehirnstrukturen, die Vehikel für solche Kulturprogramme extremer Schwierigkeitsgrade sind, hätten gute Replikationschancen, wenn sie Strategien entwickeln würden, andere Gehirne entsprechend zu instruieren. Das Einhalten eines Zölibates und das Praktizieren von Homosexualität könnten beides brauchbare Mem-Strategien sein, um diese Vermehrungsrate zu erhöhen. Nicht-reproduktive sexuelle Kontakte vermögen zudem die Attraktivität eines Mems zu steigern, da der hedonistische Verstärkermechanismus der »Lust« lediglich vom heterosexuellen in den homosexuellen Kontext transferiert werden muß. Nisten sich entsprechende Mem-Parasiten ein, werden auch die neuen Träger-Gehirne den genetischen »Imperativ zur Reproduktion« unterlaufen und sich ganz auf die memetische Fortpflanzung konzentrieren. Die Leine genetischer Fitneß-Maximierung, an der die Gene die Körperhüllen und deren Verhalten halten, wäre gekappt.

Diese Meme wären natürlich davon abhängig, daß genügend andere Organismen Nachkommen reproduzieren, die sie infizieren können. Der Konstanzer Psychologe Juan Delius stellt in diesem Zusammenhang fest, interessanterweise würde das mit dem Zölibat in der katholischen Kirche gekoppelte Mem danach trachten, »die ungehemmte Vermehrung der Gefolgschaft zu bewirken«.

Vielleicht mag sich jemand daran stören, daß Meme, die maladaptiv für Gene sind, als »Parasiten« bezeichnet werden. Nun, dies ist lediglich ein Terminus, dem keinerlei moralische Wertung innewohnt und der lediglich ein Verhältnis beschreibt. Parasitäre Meme haben aber – wen es trösten mag – auch ihre »erfreuliche« Seite, wie bereits Richard Dawkins betonte: »Wenn wir einmal sterben, so können wir zwei Dinge hinter uns zurücklassen: Gene und Meme. Wir sind als Genmaschinen gebaut worden, dazu geschaffen, unsere Gene zu vererben. [...] Aber mit jeder Generation, die vorbeigeht, wird der Beitrag meiner Gene halbiert. Es dauert nicht lange, und er ist so klein geworden, daß man ihn vernachlässigen kann. [...] Doch wenn ich einen Beitrag zur Kultur der Welt leiste, wenn ich einen guten Gedanken habe, eine Melodie komponiere, eine Zündkerze erfinde, ein Gedicht schreibe, so kann dieser Beitrag noch lange, nachdem meine Gene sich im gemeinsamen Genpool aufgelöst haben, unversehrt weiterleben. Von Sokrates mögen heute [...] vielleicht noch ein oder zwei Gene auf der Welt leben oder auch nicht, aber wen interessiert das schon? Die Mem-Komplexe von Sokrates [...] sind noch immer ungeschwächt.«

Unbestritten: Auch der schwule Kunstbanause lebt, und ein genialer Künstler wie Charlie Chaplin zeugte eine Kolonie von Kindern. Um aber die Beziehungen zwischen Kultur und Genom besser verstehen zu können, müssen wir mit einfachen Modellen anfangen und die Tiraden der Kritiker ignorieren, daß die wirkliche Welt weitaus komplexer sei. Die wirkliche Welt ist *immer* weitaus komplexer.

Die Gene genialer homosexueller Künstler mögen verschwinden, im Genpool verwässern. Ihre komplizierten Mem-Komplexe aber leben weiter: in der Sinfonie »Pathétique« von Tschaikowski, in »Die kleine Seejungfrau« von Hans Christian Andersen, in »Das Bildnis des Dorian Gray« von Oscar Wilde, in Marcel Prousts »Auf der Suche nach der verlorenen Zeit«, in »Grashalme« von Walt Whitman, in »Das Wunder der Rose« von Jean Genet und im »Corydon« von André Gide. Ohne Zweifel brächen die heiligen Hallen des Abendlandes und insbesondere die Tempel der Musen zusammen, würden sie jener Säulen beraubt, die bekanntermaßen oder bekennend homosexuell waren. Was wäre Bayern ohne Ludwigs II. Neuschwanstein, der Vatikan ohne Michelangelos Sixtinische Kapelle, das Rote Kreuz ohne Henry Dunant, die UNO ohne Dag Hammarskjöld? Das wäre wie Theater ohne Shakespeare, Preußen ohne Friedrich II., Südamerika ohne den Humboldt-Strom, Mephisto ohne Klaus Mann, die herbe Poesie Spaniens ohne Federico García Lorca und eine Rose ohne Gertrude Stein...

III. VOM UMGANG MIT DER WELT – VERANTWORTLICHES HANDELN ALS CHANCE

Franz Alt

Der Autokrieg

Sommerferien in den 90er Jahren in Deutschland: Überall Stau, Streß und lange Wartezeiten – so beginnt für Hunderttausende die Fahrt in den Urlaub. Allein heute früh lese ich: Auf vielen Autobahnen Schritt-Tempo; fünf Kilometer Stau an einem Grenzübergang nach Dänemark; zwischen Hamburg und Hannover 25 Kilometer Stau. Zwischen Mönchengladbach und Koblenz 25 Kilometer Stau. Auf der A 9 Berlin-München 40 Kilometer Stau. Vor dem Gotthard-Tunnel 24 Kilometer Stau. 79 Millionen Deutsche haben 38 Millionen PKW. Deutschland eine PS-Gesellschaft – mit allen Konsequenzen.

Die »Bildzeitung« am 8. Juli 1993, Überschrift: »Urlaub 92 Papa tot, Urlaub 93 Mama tot – beide verunglückten auf der A 4. Die Kinder weinen, haben niemanden mehr.« Ein Bild darüber zeigt die verzweifelten Kinder, die 13jährige Angelika und die 14jährige Annabelle, am Grabe. Annabelle in »Bild«: »Wir wissen überhaupt nicht, wie es weitergehen soll. Wir haben keine Verwandten, kein Geld. Nicht mal die Miete können wir bezahlen.« Eine Geschichte, die zum Nachdenken über das Autofahren und den Autowahn anregen kann. Aber: Auf derselben Seite derselben Ausgabe von »Bild« eine Jubel-Reportage über die neue »Geheimwaffe« von Porsche. Überschrift des »Bild«-Reporters: »Ich fuhr die Porsche-Rakete – irre!« Ob dem Kollegen beim Schreiben klar war, wie blutig-real seine Beschreibung eigentlich ist? Ob er auch an die weinenden Kinder auf derselben Seite seines Blattes gedacht hat? Schluß der »Bild«-Reportage über den Porsche

(»Rasante Legende«, »kultivierte Kraft«, »kräftige Figur«): »Daß der elegante Bulle sehr durstig ist (15 Liter im Schnitt), dürfte den Käufer weniger interessieren. Wer 204000 Mark rüberschiebt, hat auch das Geld für den Tankwart...« Der »Bild«-Kollege Rüdiger Straub beschreibt sehr realistisch, was er tut, als er das »ungestüme Kraftwerk« bei seiner Probefahrt auf 300 km Geschwindigkeit treibt – morgens um 4.00 Uhr auf der leeren Autobahn: »Eigentlich Wahnsinn«. Wieso nur »eigentlich«?

Liebe Kollegen von »Bild«: Was Ihr da am 8. Juli 1993 auf einer Seite vermutlich gedankenlos nebeneinandergestellt habt, ist beinahe alltäglicher Journalismus in allen Medien.

Wir wissen um den eigentlichen Wahnsinn des Autos und fahren es trotzdem; wir wissen, daß in Deutschland jedes Jahr 8000 Menschen von der »Rakete« Auto getötet werden, und nennen es Fortschritt; wir wissen, daß das Auto der Umweltsünder Nummer eins ist – und nehmen dieses Zerstörungsinstrument als naturgegeben hin. Seit 1945 wurden in Westdeutschland 568000 Menschen auf der Straße getötet, mehr als in Hannover wohnen; 18,7 Millionen wurden verletzt, mehr als im größten Bundesland, Nordrhein-Westfalen, leben!

Warum ist dem Mythos Auto nicht mit rationalen Argumenten beizukommen? Verkehrsunfälle passieren halt. Doch das ist falsch. *Wir* verursachen sie. Jeder Autofahrer ist ein potentieller Mörder und ein potentieller Selbstmordkandidat. Das verdrängen wir. Der Sommer-Ozonsmog entsteht nicht. *Wir* Autofahrer produzieren ihn. Und die Politik handelt nach dem Motto: Leute sperrt eure Kinder ein, damit die Autos draußen weiterspielen können!

Autos oder Kinder?

Montag, 12. Juli 1993. Das »moderne Nachrichtenmagazin Focus« bringt eine Geschichte über die Ozon-Gefahr. Ratschlag der Kollegen auf der Titelseite über einem Bild von zwei Kindern am Strand: »Holt die Kinder aus der Sonne!« Hätten die »Focus«-Journalisten über die Ursachen nachgedacht, dann hätten sie schreiben müssen: »Laßt die Autos stehen« oder: »FCKW weltweit verbieten!« Aber diese Hinweise sind von einem sich »modern« nennenden Blatt wohl nicht zu erwarten. Die Sorge um das Auto und das Wohl der chemischen Industrie ist wichtiger als die Sorge um die Kinder. Lieber Kinder einsperren, als das Auto stehenlassen, heißt die »moderne« Botschaft! Als »Abhilfe« empfiehlt »Focus« allen Ernstes: »Bessere Sonnenschutzmittel, Anti-UV-Kleidung und ein neues Schönheitsideal«. »Focus« schlägt vor, in Deutschland Kinder unbekleidet nur noch zehn Minuten am Tag (!) in der Sonne spielen zu lassen.

In Deutschland sterben auch in diesem Jahr etwa 8000 Menschen im Straßenverkehr, in Westeuropa 60000 und weltweit 300000. Allein in Deutschland werden auch in diesem Jahr wieder soviel Menschen durch das Auto für immer verstümmelt, wie in einer Kleinstadt leben: 30000! Viele von ihnen verbringen den Rest ihres Lebens im Rollstuhl, sind arbeitsunfähig und belasten ihre ganze Familie schwer.

Das Auto ist der größte Feind der Kinder. Jedes vierte Kind, das stirbt, ist Opfer des Straßenverkehrs. Etwa jedes 200. heute geborene Kind wird im Laufe seines Lebens von einem Auto getötet. Jeder 900. Autofahrer tötet im Laufe seines Lebens einen Menschen, und jeder achte PKW-Fahrer verletzt einen Mitmenschen. Warum eigentlich stand bei Tausenden von Verkehrstoten jährlich noch nie ein Autoproduzent vor Gericht? fragt der Frankfurter Staatsanwalt Erich Schöndorf. Ja, warum eigentlich soll eine Frau, die abtreibt, bestraft werden und nicht auch Autobosse, deren Firmen an 18jährige Wagen verkaufen, die 220 km in der Stunde fahren?

Noch eine »Rechnung«, die das Heidelberger Umwelt- und Prognose-Institut erstellt hat: Wird ein Kind im Alter von 11 Jahren durch einen Autounfall getötet, dann gehen ihm statistisch circa 65 Lebensjahre verloren, die es noch hätte leben können. Der alljährliche Lebenszeitverlust durch Verkehrsunfälle in Deutschland beträgt über 400000 Lebensjahre. Hinzu kommen jedes Jahr über eine Million »verlorener« Jahre durch schwerste Behinderungen.

Diese blutige Bilanz verursachen wir Autofahrer, indem wir ein »Fahrzeug« benutzen, das überwiegend steht: Die PKW werden im Schnitt 2,8 Prozent der Zeit genutzt, 97,2 Prozent der Zeit stehen sie ungenutzt auf einem Parkplatz oder am Straßenrand.

Selbst ohne Staus sind unsere »Fahrzeuge« in Wirklichkeit Stehzeuge. Welcher Unternehmer, der rechnen kann, kauft sich Maschinen, die nur zu 2,8 Prozent der Zeit genutzt werden? Auch bei ökonomischer Betrachtung ist unser Verhältnis zum Auto absolut irrational.

Das Auto ist ökonomisch, ökologisch und gesellschaftspolitisch die größte Fehlkonstruktion der Industriegeschichte:

Zwischen 1913 und 1992 sind in den USA mehr als viermal soviel Menschen im Straßenverkehr ums Leben gekommen wie in allen Kriegen, welche die USA in ihrer ganzen Geschichte geführt haben. Und eine solche Bilanz auf »den sichersten Straßen der Welt«!

Zwischen 1922 und 1992 wurde in England circa eine halbe Million Menschen im Straßenverkehr getötet. Das sind mehr Tote, als England während des Zweiten Weltkrieges zu beklagen hatte.

Jede neue Waldschadensbilanz zeigt: Der Wald stirbt immer schneller – hauptsächlich wegen des Autoverkehrs.

Das Auto trägt wesentlich dazu bei, daß Jahr für Jahr in Deutschland der Umwelt Schäden zwischen 200 und 600 Milliarden Mark zugefügt werden.

Daß ein Auto ein billiges Fortbewegungsmittel sei, ist ein frommer Selbstbetrug: Ein durchschnittlicher Arbeitnehmerhaushalt zahlt in Deutschland ein Viertel seines Netto-Einkommens für das Auto. Autofahren ist teuer, umweltzerstörend und lebensgefährlich. Wir leben in einer Autodiktatur mit schrecklichen Konsequenzen, die wir verdrängen. Doch alle Diktaturen gehen einmal zu Ende. Freiheit und Überlebenswille sind stärker. Freie Fahrt für freie Bürger statt Auto-Diktatur!

»Die westdeutschen Autos haben zusammengerechnet mehr als 2,5 Milliarden PS, also mechanische Pferde. Wären es richtige Pferde, könnte, so sich zwei Personen ein Tier teilen, die gesamte Bevölkerung der Welt darauf reiten«, schrieb der Dortmunder Verkehrswissenschaftler Helmut Holzapfel und hat mit dieser schlichten Feststellung viele erschreckt. Um den Wahnsinn vollends zu begreifen, müssen wir uns klarmachen, daß in Westdeutschland nur 1 Prozent der Weltbevölkerung lebt. Dieses eine Prozent fährt fünfmal so viele Autos wie alle Menschen aller afrikanischen Staaten zusammen. In wissenschaftlichen Studien wird festgestellt: Wenn sich das Auto auf der ganzen Welt so ausbreitet wie heute in Deutschland, dann kollabiert der Planet innerhalb von Monaten – wir hätten schon nach kurzer Zeit keine Luft mehr zum Atmen! Weltweit verfügt ein Fünftel der Menschheit über vier Fünftel der Autos. Das Auto ist in Wahrheit ein Luxus für wenige auf Kosten aller. Vor allem mit dem Auto nehmen wir den Menschen in der Dritten Welt und unseren Kindern und uns allen die Luft zum Atmen.

Obwohl diese Erkenntnis den meisten Politikern und vielen Lesern dieses Buches bekannt ist, wird das Modell der Autogesellschaft Deutschland anderen, vor allem den »unterentwickelten« Gesellschaften, als Vorbild hingestellt. Wie gut, daß die »anderen« unser Modell noch nicht ganz so ernst nehmen wie wir selbst. Das ist nämlich bis jetzt auch unsere Rettung! Nur: Wie lange noch?

Die Autowerbung ist sentimental und besonders verlogen. Sie verspricht Freiheit, Abenteuer und Schnelligkeit. In Wahrheit bewegen wir uns mit dem Auto im Durchschnitt gerade noch 17 km in der Stunde und haben dadurch eben keine Freiheit und keine Zeit für Abenteuer.

Eine weitere Rechnung finde ich besonders absurd: Politiker weisen immer wieder darauf hin, daß die deutsche Einheit 1989 unblutig zustande kam. Das ist richtig. Richtig ist aber auch, daß sich die Zahl der Verkehrstoten schon 1990 in den neuen Bundesländern verdoppelt hat – wegen der neuen Auto-»Freiheit«. Die Bilanz von mehr als 200 Toten an der Berliner Mauer hat die Menschheit zu Recht erschüttert. Aber die 1500 Verkehrstoten mehr in Ostdeutschland im ersten Jahr nach dem Fall der Mauer haben kaum noch jemanden aufgeregt!

Die Bahn stirbt stumm

Seit 1950 wurde das Schienennetz der Bundesbahn um 17 Prozent reduziert. In derselben Zeit hat der Straßenbau um 40 Prozent zugelegt. Der neue Bundesverkehrswegeplan geht noch einmal von einer Steigerung des PKW-Verkehrs um 30 Prozent und einer Verdoppelung des LKW-Verkehrs aus. Das ist politisch kriminell. Bis 2010 sollen in Deutschland 11500 km neue Fernstraßen gebaut werden. Fast alle Politiker sagen in ihren Wahlreden: Die Bahn hat Priorität. Doch die Bonner Auto-Diktatoren fördern in Wahrheit noch immer den Autowahn. Die Traumtänzer, die sich Realpolitiker nennen, zerstören wissend und willentlich unsere Umwelt. Traumtänzer nenne ich diejenigen, die ihre Politik nach dem Motto gestalten: »Weiter so!« Diese Zerstörungs-Fundamentalisten haben sich mit Zustimmung ihrer Wählerinnen und Wähler damit abgefunden, daß in Deutschland jede Stunde ein Mensch durch ein Auto getötet wird. Dieser Wahnsinn kann nur durch Wahlen und das eigene veränderte Verhalten abgeschafft werden.

Die Bahn stirbt stumm. Seit 1960 hat sie die Zahl ihrer Beschäftigten halbiert und seit 1980 jährlich 400 km Strecken stillgelegt. Dabei steht fest: Im Vergleich zum LKW verbraucht die Bahn im Güterverkehr 9mal weniger Energie und erzeugt 30mal weniger Schadstoffe.

Im Personenverkehr verbraucht die Bahn 3,5mal weniger Energie pro Person, verursacht 8mal weniger Schadstoffe und hat eine 24mal größere Unfallsicherheit als das Auto.

Noch vor kurzem förderten auch die Gewerkschaften noch die offizielle Autopolitik mit dem verlogenen Slogan: »Die Straßen sind für alle da!«

Gehören Kinder, alte Menschen, Behinderte und Millionen, die sich ohne Autos fortbewegen, nicht auch zur Gesellschaft? In Deutschland leben 79 Millionen Menschen. Es gibt 38 Millionen PKW. Und trotzdem wird immer so getan, als seien »alle« Autofahrer.

Die Politik lebt in einem Autowahn und vernachlässigt die Eisenbahn. Die real existierende Auto-Diktatur zwingt die meisten Menschen ins Auto – zum Beispiel durch Streckenstillegungen bei der Bahn. Nur eine Politik, die 4mal soviel Menschen wie heute durch attraktive Angebote in öffentliche Verkehrssysteme lockt, garantiert freie Fahrt für freie Bürger.

Autos oder Umwelt? Die falsche Alternative

Im Juli 1990 dirigierte Franz Steinbeck, der Betriebsratsvorsitzende von Porsche in Stuttgart, seine Demonstranten ins Rathaus. Damals forderten Steinbeck und seine Kollegen mit ihrem Go-in »Arbeitsplätze und Parkplätze«. Für neue Parkplätze zogen Porschearbeiter auf die Straße und in die Gemeinderatssitzung. Für 1500 neue Parkplätze sollte eine der letzten Grünflächen in Zuffenhausen verschwinden.

Porsche-Arbeiter gegen Anwohner. Denn diese demonstrierten zur gleichen Zeit *gegen* die Parkplätze und für den Erhalt ihrer grünen Restumwelt. Eine geradezu klassische Konfliktsituation. Gemeinsam hätten sie *für* ein attraktives öffentliches Nahverkehrssystem demonstrieren können. Doch von dieser Idee wollte der Porsche-Betriebsratsvorsitzende nichts wissen: »Für solche Probleme sind die Politiker zuständig.«

Es geht auch anders: In Schwäbisch Hall hat die Bausparkasse gleichen Namens zur selben Zeit aus derselben Not an Parkplätzen eine Tugend gemacht. Die Tiefgarage war sanierungsbedürftig und zu klein geworden. Kosten: geschätzte 6 Millionen DM. Da kam der Personalchef des größten Unternehmens am Ort auf die Idee, seinen 3500 Kolleginnen und Kollegen eine Alternative zum Auto schmackhaft zu machen: den Nulltarif für den Bus. So sparte die Bausparkasse die Investitionen für ein neues Parkhaus und bezuschußte statt dessen den öffentlichen Nahverkehr. Der Betriebsausweis gilt als Netzkarte für die kostenlose Benutzung aller Buslinien. Wer zwischendurch mal mit dem Auto kommt, darf noch auf die alten Parkplätze. Die sanfte Methode hat Erfolg. Die Zahl der Busfahrer hat sich innerhalb von drei Monaten verdoppelt.

Auto und Psyche

Neue Verkehrspolitik braucht positive Botschaften und überzeugendere Alternativen. Das schiere NEIN zum Auto ist noch keine Alternative. Das Auto, sagt der Psychoanalytiker Micha Hilgers, »stellt eine ideale Abwehr individueller und kollektiver Schwierigkeiten dar und ist aus vielfachen Gründen Quelle infantiler Lustbefriedigung«. Jede alternative Verkehrspolitik muß also erhebliche psychologische Widerstände einkalkulieren. Das Auto hat einen hohen »Unterhaltungswert«, aber einen »geringen Beförderungswert« (Hilgers). Es wird hauptsächlich von der Attraktivität der öffentlichen Verkehrsmittel abhängen, ob es gelingt, das Auto vom ersten Platz der Personenbeförderung zu verdrängen – was notwendig ist. Werbung *gegen* das Auto wird eher eine Autofahrerpartei wie in der Schweiz produzieren als weniger Autos. Auch hier reicht es nicht, einfach dagegen zu sein. Daß Autofahren für viele Menschen in ihrer alltäglichen Erlebnisarmut eine wichtige Lustquelle ist, wollen Umwelt-Fundamentalisten nicht wahrhaben. Es ist schlicht sinnlos, mit Verzichtsappellen gegen die Lustkomponente Auto ankämpfen zu wollen. Für Auto-Fans wirken Umwelt-Ayatollahs wie Spielverderber. Sie fühlen sich angegriffen und – fahren weiter Auto. Es muß ersichtlich werden, daß es Spaß macht, Lust bringt, billiger und vernünftiger ist, mit Bahn und Bus zu fahren. Moralapostel können diese positive Botschaft nicht vermitteln.

Die Zürcher Verkehrsbetriebe zeigten öffentlich den Zuwachs der Fahrgastzahlen bei ihrer attraktiven Tram an. So bekamen die Benutzer eine Art Wir-Gefühl – es ist spannend, eine Entwicklung zu verfolgen, an der man aktiv teilnimmt. Plötzlich machten sogar Autokonzerne wie VW oder Nissan mit bei der Reklame fürs öffentliche Verkehrsmittel.

»Tramfahren ist okay, Autofahren ist okay. Auf das richtige Verhältnis kommt es an«, meinte Nissan in Anzeigen und schenkte Nissan-Käufern ein Jahresabo der öffentlichen Verkehrsmittel für den gesamten Kanton Zürich.

Eine völlig neue Verkehrspolitik ist Voraussetzung für den Abschied vom Auto: mehr Haltestellen, kurze Zeittakte, Umsteigen ohne Zeitverlust, Vorrang für Busse und Bahnen vor dem Individual-Verkehr. Und wer aufs Fahrrad steigt, muß auch damit rechnen können, lebend anzukommen. Kommunalpolitiker wissen: Wer Radwege baut, wird viele Radfahrer »erzeugen«, wer aber Straßen baut, wird noch mehr Autos »ernten«. Dieselbe Erfahrung haben viele Kommunen in der Vergangenheit mit Fußgängerzonen gemacht: Die Zahl der Fußgänger war immer weit höher als zuvor prognostiziert.

Die Analyse, Autofahren sei eine Sucht und eine Droge, ist sicher richtig. Aber es spricht sich allmählich herum, daß man Süchten nicht mit Verboten beikommen kann. Auch Autowahn ist nicht mit gutem Zureden zu kurieren, sondern nur mit einer attraktiven Alternative, die ansteckend wirkt. Wo Züge pünktlich sind und regelmäßig fahren, da stellen sich auch Fahrgäste ein – sogar auf Nebenstrecken!

Politische Ideologen sind – wie auch auf anderen Gebieten – einer neuen Verkehrspolitik eher hinderlich als förderlich. Wer meint, der Autowahn sei »ein typisches Problem des Spätkapitalismus«, sei auf eine Meldung aus dem kommunistischen China aufmerksam gemacht. Der Stadtrat von Kanton hat im Frühjahr 1993 die Innenstadt für Radfahrer gesperrt. Begründung des kommunistischen Stadtrats: Wir brauchen mehr Platz für die Autos!

Roland Berger / Hans Gerd Servatius

Erfolgsfaktor Öko-Kaizen *

Über das Geheimnis des japanischen Wirtschaftserfolgs ist viel geschrieben worden. Glaubte man zunächst, es in der Bereitschaft der Japaner zu harter, aufopferungsvoller Arbeit zum Wohle des Unternehmens und damit in eher preußisch anmutenden Tugenden wie Pflichtbewußtsein, Fleiß, Genügsamkeit und Gehorsam gefunden zu haben, so irritierte schon bald die geschickte Anpassung westlicher Produktionsweisen und Technologien an die Erfordernisse der jeweiligen Gegebenheiten sowie die immer deutlicher hervortretende Innovationskraft und erstaunliche Kreativität japanischer Unternehmen.

Erst in jüngster Zeit verbreitet sich die Einsicht, daß es sich bei den aufgeführten japanischen Tugenden um Phänomene komplexer Tiefenstrukturen handelt, die sich nur aus der kulturellen Entwicklung der japanischen Gesellschaft begreifen lassen. Bezeichnend ist die traditionell angelegte Fähigkeit, ganzheitlich und in Sowohl-Als-auch-Kategorien statt linear und in Entweder-Oder-Kategorien zu denken sowie das Streben und Vermögen, Wissen und Handeln stets miteinander zu verbinden. »Die Vereinigten Staaten«, resümiert etwa der als Künstler wie als Politiker gleichermaßen bekannte Shintaro Ishihara, »sind in vielen Bereichen der Grundlagenforschung führend, doch die bahnbrechendsten Entdeckungen in den Labors sind nutzlos, solange sie nicht von Ingenieuren und Facharbeitern in Produkte umgesetzt wurden. Durch die Überbrückung der Kluft zwischen Elfenbeinturm und

* »Japans Nationalsport heißt Sumo. Bei jedem Sumo-Turnier werden neben dem Siegespreis drei weitere Preise verliehen: einer für herausragende Leistung, der andere für besondere Gewandtheit und der dritte schließlich für hervorragenden Kampfgeist. Der letztere wird an den Ringer vergeben, der während des 15 Tage dauernden Turniers am härtesten gekämpft hat... Keiner der drei Preise beruht nur auf dem Ergebnis, das heißt der Anzahl der gewonnenen Kämpfe. Dies ist ein gutes Beispiel für prozeßorientiertes japanisches Denken.«
Masaaki Imai: Kaizen

Fließband leistet japanisches Know-how seinen Beitrag zur Weltwirtschaft.«

Ausdruck dieses praxisorientierten, dynamischen Selbstverständnisses ist die Strategie des Kaizen (= Verbesserung). Kaizen ist das wichtigste Element der unter dem Schlagwort »Lean Production« bekanntgewordenen japanischen Unternehmensführung und damit der Schlüssel zum japanischen Erfolg. Es handelt sich hierbei um einen kontinuierlichen, schrittweisen Verbesserungsprozeß, der jede Tätigkeit und jeden Mitarbeiter bis zur Leitung einbezieht und die Leistungsfähigkeit eines Unternehmens entscheidend stärkt.

»Kaizen«, erläutert der japanische Berater Masaaki Imai in seinem lesenswerten gleichnamigen Buch, »geht von der Erkenntnis aus, daß es keinen Betrieb ohne Probleme gibt. Kaizen löst diese Probleme durch die Etablierung einer Unternehmenskultur, in der jeder ungestraft das Vorhandensein von Problemen eingestehen kann... Japanische Manager suchen laufend nach Wegen zur Verbesserung von Systemen und Abläufen. Ihre Einbeziehung in Kaizen erstreckt sich sogar auf Bereiche wie Arbeitsbeziehungen, Marketingmethoden und Beziehungen zu Lieferanten... Techniker werden in japanischen Werken oft davor gewarnt, ihre Arbeit immer gleich auszuführen – so sei Fortschritt nicht möglich. Ein weiterer wichtiger Aspekt von Kaizen ist die Betonung des Prozesses. Dieses prozeßorientierte Denken von Kaizen schuf ein Managementsystem, welches die prozeßorientierten Bemühungen der Mitarbeiter unterstützt und anerkennt. Dies steht in krassem Widerspruch zur westlichen Managementpraxis, die die Leistung der Mitarbeiter streng nach den Ergebnissen beurteilt.«

Daß sich die prozeß- und systemorientierte Methode des Kaizen für eine umweltorientierte Unternehmensführung anbietet, liegt auf der Hand. Denn umweltverantwortlich handelnde Unternehmen bedürfen, wie später erläutert, neben durchschlagenden Innovationen der kontinuierlichen Entwicklung und Umsetzung von Verbesserungsprogrammen, die alle Hierarchien und Funktionen umfassen. Im Produktions- und Produktbereich ist die ökologische Verbesserung im Sinne eines möglichst sparsamen Umgangs mit den Ressourcen, dem Einsatz wasserlöslicher Lacke und vermehrtem Recycling bereits Bestandteil der Unternehmensführung japanischer Automobilhersteller. Umfassendere Ansätze, die weiteren Lebensphasen des Produkts Automobil nach Verlassen des Werks in die unternehmerische Umweltstrategie mit einzubeziehen, beginnen sich in Form von abgas- und verbrauchsärmeren Automobilen, Verkehrsleitsystemen und dem Bemühen um eine bessere Recycelbarkeit abzuzeichnen.

Diese Umorientierung in Richtung auf eine größere Umweltverträglichkeit der eigenen Produkte vollzieht sich in typisch japanischer Manier: unauffällig und unspektakulär, aber kontinuierlich. Beschleunigt wird dieser Öko-Kaizen-Prozeß durch den sich zuspitzenden nationalen und internationalen Wettbewerb, das weltweit wachsende Umweltbewußtsein, die sich dementsprechend international verschärfenden Umweltauflagen für Automobile und die erwähnte Ambition Japans, zur wirtschaftlichen Führungsmacht in Sachen Umwelttechnologie zu werden.

Ob es dabei zu einem die Schwächen und Stärken beider Seiten sinnvoll ergänzenden Bündnis zwischen Japan und Amerika kommt, wie es sich Shintaro Ishihara wünscht, wird nicht nur von der weiteren Entwicklung des Mitspielers Europa, sondern auch davon abhängen, ob es Japan gelingt, seinen reduzierten Blickwinkel gegenüber der Umwelt als reinem Ressourcenlieferanten zu verändern. Denn so ausgeprägt die Fähigkeit der Japaner zu ganzheitlichem Denken in vielen Bereichen auch ist, gegenüber der Umwelt denken sie seit langem in der Kategorie des naturwissenschaftlich-mechanistischen Weltbilds des Westens. Der Umwelt einen Selbstzweck einzuräumen ist aber, wie etwa Klaus Bosselmann ausführt, keineswegs nur eine Frage der ökologischen Glaubwürdigkeit, sondern ebenso eine Frage der reduzierten oder erweiterten Erkenntnis- und damit Handlungsfähigkeit:

»Der wesentliche Effekt dieser anthropozentrischen und mechanistischen Sicht ist, daß der bezweckte Umweltschutz unvermeidlich zu kurz greift. Und zwar in doppelter Hinsicht. Da aus anthropozentrischem Blickwinkel nur das interessiert, was negative Auswirkungen auf unsere Nutzungsmöglichkeiten hat, werden nur die unmittelbarsten und krassesten Formen der Umweltzerstörung aufgespürt. Langzeitwirkungen liegen außerhalb des Blickwinkels. So kommt es, daß Ökokatastrophen... *regelmäßig* zu spät erkannt werden.«

Robin Clarke
Wenn es an Eimern fehlt

Menschen, die von Berufs wegen mit Entwicklung zu tun haben, sehen häufig mehr Fehlschläge als Erfolge. Autoren, die über Entwicklung schreiben, sind dazu übergegangen, mit viel gutem Willen aus den Erfolgen verhaltenen Optimismus abzuleiten – und, noch häufiger, aus den Fehlschlägen lehrreiche Lektionen.

Aber wir befinden uns augenblicklich in einer Phase des Nachdenkens. Warum ist Entwicklungsarbeit so schwierig? Am guten Willen fehlt es nicht; auch die finanziellen Mittel sind oft in angemessener Höhe verfügbar; es bereitet keinerlei Schwierigkeiten, sehr motiviertes und gut ausgebildetes Personal zu finden.

Ein gemeinhin angeführter Grund für den Mißerfolg von Entwicklungsbemühungen ist das verwestlichte Modell der Industrienationen, das den Rahmen für viele Anstrengungen um Entwicklung gibt. Da sie selbst eine westliche Konzeption ist, kann das nicht wirklich überraschen. Auch muß es nicht notwendigerweise fehlschlagen. Doch wie wir im letzten Kapitel gesehen haben, nehmen die Gesellschaften gemäßigter Breiten eine andere Haltung etwa zum Wasser ein als die Menschen wasserarmer Gebiete. Wenn dies auch sicherlich nicht den geringen Erfolg der Entwicklungspolitik erklärt, so trägt es doch immerhin dazu bei.

1983 besichtigte ich ein kleines Projekt im Landstrich Arusha in Tansania. Das Ziel: die Errichtung von Hütten zur Kornspeicherung, um das Verfaulen der Nahrung zu verhindern, bevor die Regierungsbehörde sie – oft mehr als ein Jahr nach der Ernte – aufzukaufen kam. Durchaus löblich, versprach dies doch eine Einkommenserhöhung für die Landwirte, eine geringere Geldausgabe für importierte Nahrungsmittel und mehr zu essen für die Menschen.

Es war eine anstrengende eintägige Fahrt von Dodoma, der politischen Hauptstadt des Landes, zu dem besagten Dorf. Die letzten Kilometer fuhren wir auf schlammigen und zuweilen überfluteten, verdreckten Wegen. Den letzten Kilometer gingen wir zu Fuß. Das Dorf lag mitten in einer waldigen Gegend, nicht weit vom Flußtal entfernt. Das erste, was ich von den Dorfbewohnern sah, war eine Gruppe Trauernder, die in respektvoller Entfernung vor einer massiven Holzplatte standen, welche mit Hilfe einiger Bretter von der glühendheißen Sonne abgeschirmt worden war. Darauf lag ein sterbendes Kind, sei es infolge von Unterernährung oder einer der vielen, von der Unterernährung hervorgerufenen Krankheiten.

Hätte ich das Auge eines Fotojournalisten für dieses sprechende Bild des afrikanischen Elends gehabt, ich hätte es hier unter Beweis stellen können. Ich aber wurde zum ersten Mal der afrikanischen Not gewahr. Hilflos stand ich daneben, während mich meine Reisebegleiter zur Eile antrieben.

Sie wollten mir die Baustelle des Projektes zeigen. Da stand der dörfliche Kornspeicher – oder zumindest stand da nach immerhin zweijähriger Arbeit ein Fundament, so lange war das Projekt aus dem Fonds eines arabischen Geldgebers schon finanziert worden. Nicht mehr als ein festes Fundament. Man führte mich hinunter auf ein Feld, wo das Material lag, aus dem die Wände hätten errichtet werden sollen. Acht Haufen zerbröselnder Backsteine lagen da. Backsteine, die nicht wirklich feuergebrannt – oder in diesem Fall sonnengetrocknet – waren und die Wind und Regen ausgehöhlt hatten. Einige wenige hätte man vielleicht noch verwenden können. Aber Tausende waren zerbröckelt. Und viele weitere Tausend waren zu staubigen Erdklumpen geworden. Niemand hätte daraus einen Kornspeicher für das Dorf bauen können. Vielleicht hätten sie zum Bau einer überdachten Latrine genügt, benutzbar für ein halbes Dutzend Familien.

An diesem Tag waren keine Männer im Dorf. Sie waren zwölf Kilometer zu Fuß auf die nächstgelegene große (von Europäern betriebene Farm) gewandert, um für einen täglichen Lohn von einem oder zwei Dollar bei der Ernte zu helfen. Es war die magere Zeit – die Zeit, nachdem die letzten Erntevorräte aufgebraucht sind. Daher der Tod am Rande des Dorfes. Genau dies war die Zeit, für die mit Hilfe des Kornspeichers vorgesorgt werden sollte.

Meine Reisebegleiter hatten schnell eine Erklärung zur Hand. »Mit dem Projekt gab es eigentlich keine Probleme«, sagten sie. »Im Gegenteil, die Dorfbewohner waren davon begeistert. Sonst könnten hier keine Backsteine liegen. Aber wir hatten nicht genügend Devisen für das Projekt, um die zwei Dinge zu kaufen, die die Dorfbewohner nicht selbst herstellen konnten: Zement und Eimer. Und ohne Eimer können die Dorfbewohner das nötige Wasser nicht herbeischaffen, um wenigstens ihre Mörtelmischung herzustellen. So wurden die Backsteine da liegengelassen, wo man sie angefertigt hatte, und verrotteten. Vor sechs Monaten baten wir um eine bescheidene Aufstockung der Gelder in Dollar, damit wir das Nötigste kaufen könnten. Und wir haben die Dollars jetzt. Aber wir können keine Eimer in Tansania kaufen. Sie müssen importiert werden. Und die von der Regierung auferlegten Beschränkungen für Importe sind im Augenblick so streng, daß wir noch immer auf die Erlaubnis für den Kauf der Eimer warten.«

Hätte es also nicht an Eimern gefehlt, wäre dieses afrikanische Kind am Leben geblieben (als ich das Dorf verließ, war es schon tot). Mit Hilfe einiger Eimer hätte dieses tansanische Dorf seinen Kornspeicher gehabt. Und einmal hoch aufgerichtet, hätten die sonnengetrockneten Backsteine den Verwüstungen durch Wind und Regen auf ein oder zwei Jahrzehnte hinaus vielleicht widerstanden. So wie die Sache stand, waren ein paar tausend Dollar sinnlos verschwendet worden. Und ein paar afrikanische Leben dazu.

Wasserblindheit

Die Lehre, die wir aus dieser Geschichte ziehen müssen, hat natürlich mit Wasser zu tun. Nicht das Wasser selbst war das Kernproblem. Das Dorf, von dem hier die Rede ist, liegt nur ungefähr einen Kilometer von einer intakten Wasserstelle entfernt, die fast das ganze Jahr zugänglich ist. Das Problem war nicht die Wasserknappheit. Es war die extreme Kurzsichtigkeit gegenüber dem Wasser. Niemand in der arabischen Geschäftsstelle für Entwicklung, die das Projekt finanzierte, niemand im Büro der Vereinten Nationen, das für seine Ausführung zuständig war, niemand unter den dänischen Entwicklungshelfern, die es leiteten, hatte an die Erlaubnis für den Kauf der Eimer gedacht. Und Eimer brachten das Projekt zu Fall.

Mag diese Geschichte auch trivial erscheinen, in Wirklichkeit ist sie es nicht. Viele tausend Entwicklungsprojekte sind aus ähnlichen Gründen gescheitert. Sogar großangelegte Wasserprojekte, die Tausende von Landwirten mit Bewässerungskanälen versorgen sollen, kümmern sich nicht um das Naheliegende.

Entwicklungsexperten sind für die Wasserfrage blind geworden. Ihre westliche Erziehung, die sie in Ländern erhalten, wo an Wasser kein Mangel herrscht, wo überall Wasserhähne sind und wo die Kosten für das Wasser gering, ja lächerlich gering sind, verführt sie dazu, einen wirklich ausschlaggebenden Faktor außer acht zu lassen: das Wasser.

Es wird höchste Zeit, dieses Possenspiel zu beenden. Die vergangenen Kapitel haben veranschaulicht, welch wichtige Rolle Wasser im Leben der armen Landbevölkerung in den Entwicklungsländern spielt. Es wird höchste Zeit, in den zukünftigen Projekten spezielle Vorkehrungen für den Wasserbedarf zu treffen. Und das bedeutet, nicht nur dafür zu sorgen, daß diejenigen, denen schließlich geholfen werden soll, über das nötige Wasser für ihr Projekt verfügen, sondern auch, daß sie das nötige Handwerkszeug bekommen, um das Wasser dorthin zu transportieren, wo es gebraucht wird.

Jedes Projekt benötigt Wasser. Nur wenige finden das überhaupt erwähnenswert. Alle Projekte kosten Wasser – doch selten wird das deutlich ausgesprochen. Sie errechnen Leistungen anhand der Bevölkerungsdichte pro Hektar Ackerland, anhand eines erhöhten Ertrages pro Hektar und der Anzahl von Menschen, denen medizinische Zentren, Märkte, Fischereiflotten und Naturschutzprojekte helfen sollen. Nie errechnen sie die Kosten in Form von Kubikmeter Wasser pro errichtetem Gebäude oder aufgrund der Anzahl von Dörfern, die Nutznießer davon sein werden. Doch eben das sollten sie. Und wenn sich die Debakel der 80er Jahre nicht wiederholen sollen, werden sie sogar dazu gezwungen sein. Andernfalls werden die Rufe nach Nahrungsmitteln und Katastrophenhilfe noch zunehmen, wie im vergangenen Jahrzehnt. Es wird höchste Zeit, Wasser ernst zu nehmen. Das bedeutet, zukünftig bei jedem einzelnen Entwicklungsprojekt den Faktor Wasser zu berücksichtigen und bei jedem Projekt die Kosten bezüglich des gesparten Wassers und des gewonnenen Wassers zu berechnen.

Das Problem hat nichts zu tun mit der Zahl der Projekte, die zumindest partiell zu einer erhöhten Wasserverfügbarkeit und insbesondere zur Bereitstellung von Wasser zu Bewässerungszwecken führen sollen, obwohl es viel zu tun hat mit ihrem Umfang und ihren Proportionen. Wie gezeigt werden wird, haben die Industrieländer ihre eigenen Lösungen für Fragen des Wassermanagements gefunden. Sie enthalten zumeist technische Standortbestimmungen und riesige Entwicklungspläne, die ganze Flüsse, Regionen, Länder und sogar Subkontinente umfassen. Sie sind teuer, schließen hochkomplizierte Technologien mit ein und sind für Gegenden konzipiert, in denen die Niederschlagsquote hoch und kaum saisonabhängig ist und wo außerdem die Verdunstungsraten niedrig sind.

Solche Pläne in tropische Länder zu exportieren, wo die Verdunstungsraten hoch sind und der Regenfall entweder spärlich oder drei Monate lang unverhältnismäßig stark und dann für den Rest des Jahres verschwindend gering ist, hat sich als äußerst problematisch erwiesen; in vielen Fällen hat es sich sogar als katastrophal erwiesen.

Im Grunde haben wenige Industriestaaten den Entwicklungsländern in puncto besseres Wassermanagement etwas zu bieten. Die einzige Region, die in der Lage sein müßte, ihre Erfahrungen weiterzugeben – der Südwesten der Vereinigten Staaten –, ist auffällig hilflos. Der Bedarf in dieser Gegend ist einfach zu hoch, und Versuche, den Bestand durch Heraufpumpen von Grundwasser, durch Entsalzung und durch Wassertransporte über weite Distanzen zu erhöhen, sind fast immer erfolglos gewesen. Die einzige Lösung, das Problem im Südwesten der Vereinigten Staaten zu lösen, besteht in der Reduzierung des Wasserverbrauchs.

Malin Falkenmark folgert daraus, daß die Entwicklungsländer die dem Westen geläufige Frage: Wieviel Wasser brauchen wir, und wo können wir es finden? am besten gar nicht stellen sollten. Statt dessen sollten sie fragen: Wieviel Wasser ist da, und wie können wir es uns am besten zunutze machen? Doch nur wenige tun das.

Eine unlängst von Islamic Network on Water Resources Development and Management (INWARDAM) durchgeführte Schätzung der Wasserressourcen in den Ländern der Arabischen Liga veranschaulicht diesen Punkt. Die Schätzung nimmt einen Wassergrundbedarf von 55 m^3 pro Kopf und Jahr für den Haushalt an, dazu 1150 m^3, um eine tägliche durchschnittliche Nahrungsmenge von 3000–3500 Kilokalorien (375 kg/Jahr Früchte und Gemüse, 35 kg/Jahr Fleisch und 125 kg/Jahr Getreide) bereitzustellen. Die Gesamtmenge, 1205 m^3 Wasser pro Kopf und Jahr, erklärte man zur Untergrenze des Wasserbedarfs.

1985 konnten neun Länder der Arabischen Liga dieses Mindestniveau an Wasserbedarf erfüllen, zwölf konnten es nicht. Doch insgesamt lag die durchschnittliche Pro-Kopf-Versorgung mit 1750 m^3 weit über dem Minimum. Man schätzt, daß die verfügbare Gesamtwassermenge bis zum Jahr 2000 wegen des Bevölkerungswachstums mit 1108 m^3 bis knapp unter das Minimum fallen wird. Und bis zum Jahr 2025 soll der Bestand mit nur 536 m^3 verfügbarem Wasser weit hinter der Nachfrage zurückbleiben. Bis dahin wird sich das jährliche Defizit der Region auf mehr als 421 Billionen m^3 Wasser belaufen – mehr als der gesamte Bestand der Region. Nur der Irak, Mauretanien und der Libanon wären in der Lage, zumindest die Untergrenze des Wasserbedarfs zu befriedigen.

Nicht sehr überzeugend schlägt die Studie einige Lösungen vor, unter anderem »kluge und anpassungsfähige Methoden und Strategien im Umgang mit Wasser«, die Wiederverwendung von Abwasser und leicht salzigem Wasser und die Entsalzung von Salzwasser.

Ob klug, ob anpassungsfähig, weder neue Methoden und Strategien noch die oben erwähnten Technologien eignen sich zur Lösung des Problems. Ein Hauptproblem in der Politik der Wasserressourcen in halbtrockenen Zonen ist die Disparität zwischen feuchten und trockenen Jahreszeiten. Auf irgendeine Weise muß während der feuchten Saison mehr Wasser gesammelt werden, damit das Leben in der trockenen Jahreszeit weitergehen kann. Das bedeutet zwangsläufig mehr Staudämme und Reservoirs. Es müssen Mittel und Wege gefunden werden, um durch weniger aufwendige Vorrichtungen als bisher die verheerenden Folgen für die Bevölkerung zu mildern.

In weiterer Zukunft wird die langfristige Wasserspeicherung immer mehr unter die Erde verlegt werden müssen. Israel verwendet zur Speicherung seines Winterregens bereits heute schon unterirdische Aquifere, und andere halbtrockene Länder werden seinem Beispiel folgen.

Schließlich werden sich viele halbtrockene Länder schwierige Fragen darüber stellen müssen, ob sie auf dem Lebensmittelsektor autark bleiben wollen. Die Statistiken der Arabischen Liga sprechen für sich selbst: 1150 m^3 pro Kopf und Jahr zur Nahrungsmittelerzeugung, 55 m^3 pro Kopf und Jahr für den häuslichen Wassergebrauch. Anbau von Nahrung erfordert eine Menge Wasser. Viele halbtrockene Länder könnten ihre Wirtschaftssysteme umgestalten, wenn sie mehr importierten, weniger Nahrungsmittel anbauten und andere, hochwertigere und weniger wasserintensive Erzeugnisse erportierten. Lösungen dieser Art gelten für etwa 50 der ärmsten und trockensten Länder der Erde als bester Garant für zukünftige Wasserbestände.

Monika Griefahn/Catarina Felixmüller
Umdenken

Griefahn: Auch das, denke ich, gehört in den großen Bereich der Kultur: das Finden neuer Wege, das Finden neuer Gebrauchsweisen für Stoffe und Produkte sowie neuer Umgangsweisen mit ihnen, denn darin steckt immer ein neuer Umgang der Menschen mit sich selbst und anderen.

Felixmüller: Kultur – das Wort kommt eigentlich aus der landwirtschaftlichen Produktion, heißt ursprünglich Pflege, Bebauen und Bestellen, Anbau. Da ist immer an den Boden und seine Früchte gedacht, an Natur und die Arbeit mit ihren Stoffen und Prozessen. In der Zeit der Aufklärung wurde der Begriff übertragen auf die »Pflege der Sprache« und bedeutet seither Pflege des Geistes oder geistiger Dinge. Hier kommt der Umgang von Menschen miteinander ins Spiel. Aber man muß feststellen, daß sich hier etwas getrennt hat: die Produktion, das Materiell-Stoffliche, vom eher Geistigen, die Formen des Umgangs von Menschen miteinander von den Weisen des Umgangs mit der Natur. Kultur löst sich von Natur, ja, beide Begriffe treten in gewisser Weise in Gegensatz. Ich glaube, diese Trennung ist gefährlich, dies Nebeneinander, das sich entwickelt hat zwischen Kultur und Produktion. Zwischen der Pflege des Geistes und der Pflege der Stoffe und Dinge, eben der »Natur«.

Griefahn: Dieser Gegensatz »Natur–Kultur« ist, was die Geistesgeschichte hier in Europa angeht, sicher sehr alt. Obwohl du ja mit der Wortgeschichte auf Verbindungen hingewiesen hast. Aber die praktische Trennung, die sich in der Praxis alltäglich verschärfende Trennung hat sich wohl erst mit der industriellen Revolution ergeben. Damit meine ich die industrielle Produktion unter dem ökonomischen Gesichtspunkt der Effizienzsteigerung, der ökonomischen Rationalität. Sie wurde zum Maßstab unseres Zusammenlebens. Ökonomische Rationalität als Maßstab, der über alles gestülpt wurde. Was nicht paßte, wurde abgeschnitten, an den Rand gedrängt sowie in Reservate – eben die schönen Künste, die unpraktische Kultur, die Freizeit-Kultur – gesperrt. Die Lebensmitte der Gesellschaft füllte die Produktion, die Wirtschaft und die Ökonomie aus. In kulturellen Sonntagsreden mochte das ganz anders klingen – als Maßstab für das Zusammenleben galt und gilt die Effizienz, das ökonomische Kalkül. Ich bin dafür, auch das als »Kultur«, als unsere Kultur zu betrachten.

In Diskussionen wird dieses Phänomen mit »materieller Zivilisation« bezeichnet. Ich meine, hier darf nicht ausgewichen werden. Von materieller Zivilisation zu reden bedeutet schon wieder einen Gegensatz aufzubauen, der uns Fluchten erlaubt in kulturelle Freizeitparks. Wenn uns diese von ökonomischer Rationalität geprägte Kultur nicht paßt, wenn uns das Leben unter dem Effizienzdiktat zu wenig ist, wenn wir feststellen müssen, daß mit diesem Maßstab inzwischen schon gar nicht mehr rational gewirtschaftet werden kann, dann, bitte schön, müssen wir uns um eine Erweiterung des Kulturbegriffs hinein in die Produktion bemühen. Damit verbunden sind auch Veränderungen der Ziele, Werte und Maßstäbe. Um das Getrennte wieder zusammenzufügen, müssen weiter neue Dimensionen gewonnen werden.

Mit der Herrschaft des Effizienzprinzips im engeren Sinne wurden auch die Menschen, wurden ihre Fähigkeiten, ihr ganzes Dasein auf eine historisch ganz neue Weise geprägt. Dem Raubbau draußen entsprach der Raubbau nach innen, nämlich die Ausbeutung von Lebenskraft, Gesundheit, auch Lebensfreude und Energie. Unser Umgang mit der äußeren Natur gibt Auskunft über unseren Umgang mit uns selbst, denn wir sind ein Teil der Natur.

Felixmüller: Deine Analyse beschreibt einen Trennungsprozeß von Kultur und Natur, einen Prozeß, der heute schon vernichtende Wirkungen hat.

Griefahn: Ich komme aus dem Ruhrgebiet. Was wurde da in den 50er und 60er Jahren nicht alles durch die Schornsteine geblasen! Die sollten ja rauchen, das war die Hauptsache. Nebensache war die Ausbeutung der Natur, die Ausbeutung auch der Menschen, nicht nur im Bergwerk, in der Fabrik, auch in den Häusern und Städten, den Gärten, Ausbeutung der Luft, die sie atmeten, Ausbeutung der Kraft, die ihre Körper brauchten, um mit dem Dreck fertig zu werden und sich zu regenerieren.

Willy Brandt hat damals das Motto geprägt: »Wir wollen wieder einen blauen Himmel über der Ruhr!« Aber was hat man getan? Schlicht Verordnungen geändert und die Schornsteine höher bauen lassen – der Dreck war derselbe, er flog nun nur höher hinauf und weiter weg, bis zu den skandinavischen Seen und Wäldern. Oder nur in den Harz. Die erhöhten Schornsteine sind eine Ursache der Waldschadensrate, die wir heute haben.

Wir opfern unsere biologische Lunge, den Kohlendioxydfilter, den Sauerstoffproduzenten Wald, insofern eine Grundlage unseres Lebens. Wir opfern sie der Pyramide von Maßstäben und Werten, an deren Spitze die Vermehrung von Geld und sichtbarem Wohlstand steht. Wir opfern anscheinend blind, denn was wir tun, tun wir freiwillig, ohne sichtbaren äußeren Zwang. Es erscheint uns, oder immer noch (zu) vielen von uns, selbstverständlich. Auch die Blindheit gehört zu unserer Kultur. Dabei gerät der Wert von sauberer Luft, gesundem Wasser oder kinderfreundlichen Lebensverhältnissen in den Hintergrund, auf sie kann scheinbar verzichtet werden.

Felixmüller: Es klaffen offensichtlich große Lücken zwischen dem, was wir wissen, und dem, was wir tun, und schließlich dem, was wir tun wollen. Wir kriegen das nicht mehr zusammen. Und wir haben das Verdrängen der Widersprüche eingeübt, schlängeln uns durch.

Griefahn: Ja, es gibt ein großes Loch zwischen rationalem und irrationalem Verhalten. Es liegen differenzierte Gutachten, Analysen und Faktensammlungen über unsere Umwelt vor. Das Zahlenmaterial und die Wirkungen sind bekannt. Aber was passierte beispielsweise auf der Konferenz von Rio, als sich 150 Staatsmänner und -frauen getroffen haben? Sie haben die Analyse beklagt, bejammert und weitere Millionen Blatt Papier bedrucken lassen. Zuletzt wurden internationale Abkommen unterzeichnet. Nur werden diese nicht in die Tat umgesetzt, noch nicht einmal im Ansatz. Woran liegt das?

Ich sehe auch hier ein kulturelles Problem. Es geht für die Menschen unter anderem darum, alte Gewohnheiten aufzugeben, sich umzustellen. Das kostet Anstrengungen und macht Mühe. Wir sind nicht flexibel genug, um alte Gewohnheiten, Denkweisen und Handlungsweisen in Frage zu stellen. Es stehen aber auch handfeste ökonomische Interessen der Industrienationen auf dem

Spiel. Das Desaster, das sie in Rio beklagten, ist, da von ihnen verursacht, auch ihnen zuzurechnen.

Felixmüller: Das ist wohl eine Frage der politischen Kultur, ob und wie man sich traut, genau dieses Phlegma ehrlich anzugehen. Vorschläge zu machen, die zunächst unbequem sind, die aber die Perspektive für langfristig wirksame Veränderungen erschließen.

Griefahn: Politik kann immer nur das umsetzen, was die Mehrheit der Menschen auch mitträgt. Nachdenklich muß allerdings die unerwartete Niederlage der SPD bei den Kommunalwahlen in Kassel machen. Die Stadt hatte hier Verkehrsberuhigungen, Tempo-30-Zonen, eingeführt und das Autofahren in der Stadt erschwert. Dies war eine wesentliche Ursache der Wahlniederlage. Nun behaupten nicht wenige, das liege nicht an den Maßnahmen der Verkehrsberuhigung selbst. Schließlich hätten doch 80 bis 90 Prozent der Leute eine Verkehrsberuhigung gewollt und ständen auch heute noch dazu. Die Stadt habe das nur falsch vermittelt. Ich glaube, das Argument trägt nur zum Teil. Natürlich sagen die Leute, wir brauchen Verkehrsberuhigung. Wir brauchen ein anderes Konzept für das Leben in der Stadt, andere Konzepte für Verkehr, Stadtentwicklung und Städtebau. Aber in dem Moment, wo konkrete Maßnahmen die eigenen Interessen und Gewohnheiten berühren, wo sie eingreifen in alltägliches Handeln und zu Veränderungen zwingen, schrecken die Menschen vor den Änderungen zurück und äußern Protest. Die eigene Bequemlichkeit wird nunmehr höher gewichtet; das Gesetz des Phlegmas wirkt.

Das ist nicht allein die Frage der Politik, sondern die Frage der politischen Kultur, einer politisch verstandenen Kultur und ihrer Veränderung.

Wenn nur 5 Prozent der Menschen in allen Bereichen der Gesellschaft sich bereit fänden, das, was sie erkennen, auch umzusetzen, und durch ihr Handeln wiederum andere überzeugten, wäre ich sehr froh. Damit wäre weit mehr erreicht, als ständig auf demokratisch abgesicherte Maßnahmen zu warten, die zudem noch diese Nebeneffekte wie in Kassel aufweisen können. Es geht also wirklich um jeden und jede von uns, um konkrete Schritte der Veränderung. Irgendwie auch um die unteilbare Verantwortung von einzelnen für die eine Welt.

Diese Verantwortung zu akzeptieren fällt freilich auch aus

einem anderen Grund schwer. Wer bei sich zu Hause darauf achtet, keine Energie zu verschwenden, Wasser zu sparen, Müll zu vermeiden, und mit offenen Augen durch unsere Gesellschaft geht – und umweltbewußte Leute haben bestimmt offene Augen –, der oder die wird sich oft eines Gefühls der Vergeblichkeit nicht erwehren können. Was sind die privaten Bemühungen und Anstrengungen angesichts der Überproduktion und der Verschwendung, die in der Produktionsweise liegen und die durch die Verteilung und den Transport der Produkte verursacht werden! Was ist die »private« Bewußtheit gegen die Blindheit der industriell gewachsenen und gewollten Strukturen und ihrer Steuerungsmechanismen!

Ich habe gerade letzte Woche mit dem Vorstandsvorsitzenden eines großen Unternehmens gesprochen. Es stellt Produkte her, die jeder auch in der Rezession braucht, und hat mit der gegenwärtigen Konjunktur keine Probleme. Das Unternehmen produziert derzeit in vierzehn Werken in Europa. Ich erfuhr, daß das Unternehmen die Konzentration auf nunmehr drei Produktionsstätten plant. Man könne sogar, sagte mein Gesprächspartner, mit einer einzigen auskommen; das realisiert man allein aus sozialpolitischen Gründen nicht. Konzentration der Produktion bewirkt immer eine Verlängerung der Wege zur Arbeit, Verdichtung des Verkehrs für die Arbeitnehmer und die Zulieferer sowie für die Verteilung der Produkte. Das steht in totalem Widerspruch zu dem, was wir eigentlich brauchen: Verkehrsvermeidung durch dezentrale Produktionsformen und -stätten. Deswegen wollen wir die Energiesteuer, deswegen sollen Wege teurer werden: Es soll sich lohnen, dezentral zu wirtschaften. Mein Gesprächspartner stimmte all dem zu und entgegnete: »So teuer können die Wege gar nicht werden, daß wir diese Konzentration nicht immer noch wirtschaftlich betreiben könnten.«

Das ist das Furchtbare: Es läßt sich rechnen, und dann kann man es auch tun! Man muß es sogar realisieren, weil die Konkurrenz es sonst tun würde. Das gilt für die nationalen wie für die internationalen Beziehungen. Gerechnet wird natürlich nur aus der Sicht des einzelnen Betriebes, nämlich betriebswirtschaftlich. Die volkswirtschaftlichen Kosten, die wir alle zu tragen haben, gehen in diese Rechnungen gar nicht ein. Natürlich bleibt auch alles außen vor, was sich so einfach nicht berechnen läßt, wie Folgekosten durch Krankheiten, Waldschäden, Vergiftung der Böden, Erosion der Denkmale. Mit solchen Zahlenkunststücken wird Politik gemacht; man bestimmt einfach die Größen, die man berücksichtigen will, und läßt andere, unbequeme draußen. Man sagt, es habe keinen Sinn, mit Unkalkulierbarem zu rechnen, und setzt das Glück kommender Generationen aufs Spiel. Da wir gewohnt sind, dem rechenhaften Kalkül mit seiner Objektivität zu trauen, nimmt die Gesellschaft daran keinen Anstoß. Auch das gehört zu unserer Kultur. Wir brauchen hier Veränderung.

Felixmüller: Das heißt aber, daß sich unser Denken ändern muß. Unser Denken ist auf Beherrschung, auf Ausbeutung der Natur ausgerichtet, nicht auf deren Pflege und Erhaltung. Die europäische Arbeits- und Industriekultur lief und läuft auf Ausbeutung der Ressourcen hinaus, und nicht auf ihre Pflege.

Griefahn: Das gilt für den Komplex von Wissenschaft, Technik und Industrie vor allem für die Neuzeit. Deren Erfolge haben die Menschen lange Zeit blind gemacht, berauscht und benebelt. Verständlich, denn zunächst war der vielgepriesene Fortschritt sichtbar und für die Menschen spürbar. Das Leben hat sich geändert, das Arbeiten ist insgesamt leichter geworden, die Arbeitszeiten wurden kürzer, die Konsummöglichkeiten stiegen. Und doch denke ich manchmal, wir verhalten uns wie die Lemminge. Alle zusammen rennen wir auf das Wasser zu. Dann purzeln die ersten hinein, die nächsten hinterher. Es bleiben einige übrig, aber nur, weil das Wasser durch die anderen so voll ist, daß sie ihre Nase heraushalten können.

Natürlich sind Vergleiche immer problematisch und gefährlich. Das Spannende an den Lemmingen ist für mich die Frage: Gibt es Selbstregulierungen in der Natur? Und genauer: Können und dürfen wir uns für unsere Umwelt und unsere Zwecke auf solche Selbstregulierungen verlassen? Vielleicht läuft tatsächlich alles in Zyklen. Aus der historischen Distanz könnte man sagen, im 14. Jahrhundert sorgten die großen Epidemien dafür, daß die Bevölkerungszahlen nicht hochschnellten. Und was ist mit den Kriegen, dem Dreißigjährigen etwa? Hier handelt es sich nicht um Naturereignisse. Und selbst wenn Zyniker uns solche Kuren verordnen möchten – was wäre denn unser Äquivalent für die Pest oder den Dreißigjährigen Krieg? Krebs, Atomkraftwerke? Beides bedroht uns schon heute.

Felixmüller: Mir fällt dazu der alttestamentarische Begriff des »Bösen« ein. Vielleicht haben diese Selbstregulierungsmechanismen, wenn es sie gab, dafür gesorgt, daß das Böse in gewissen Grenzen blieb. Ich glaube nicht, daß Kultur dem Bösen gewachsen war und ist. Es hat in allen Kulturen immer auch unendlich viel Böses und unendlich viel Menschenverachtendes gegeben. Das ist es, was wir begreifen müssen. Kultur verhindert weder Ausbeutung von Menschen und Natur, noch schafft sie ganzheitlich ein Klima von Toleranz oder Menschlichkeit. Es gelingt ihr allenfalls punktuell.

Griefahn: Heinz Haber hat schon vor zehn Jahren gesagt, die Erde habe eigentlich nur Platz für 500 Millionen Leute. Wir sind aber schon bei fünf Milliarden und werden bald doppelt so viele sein.

Nachdenklich macht: Auf der einen Seite fordern wir Maßnahmen gegen das Bevölkerungswachstum, gleichzeitig sind wir stolz, mit jedem WHO-Programm die Sterblichkeit der Säuglinge zurückzudrängen. Dies ist für mich kein Widerspruch. Kombiniert ergeben die Sachen einen Sinn. Von der WHO ist zugleich ein Programm für das Problem Bevölkerungswachstum zu fordern. Leider lassen fehlende Gelder diesen Plan nicht zu.

Vielleicht phantasieren wir von den Lemmingen, weil wir uns am liebsten aus diesem Dilemma davonstehlen wollen. Aber es wird uns nichts anderes übrigbleiben, als uns diesen Widersprüchen zu stellen. Wir müssen uns, unser Tun und Denken und Fühlen darin erkennen – eben unsere Kultur und das, was ihr fehlt und was uns fehlt.

Das ist so eine Stelle, wo wir geradezu schmerzhaft auf die Grenzen unserer Kalküle gestoßen werden, auf die Unzulänglichkeit der Mittel, mit denen wir unser Verhältnis zu uns selbst und zur Natur, also alles, was wir tun und tun müssen, betrachtet haben. Wir werden auf die Unangemessenheit unseres Denkens an diesen Problemen hingewiesen, die wir zu lösen haben. Und das sind eben vor allem Probleme, die wir uns selbst eingebrockt haben.

Kenneth S. Norris
Kampf dem Delphinsterben!

In der zweiten Geschichte dieses Buches geht es um die Tragödie wildlebender Spinnerdelphine, die im offenen Meer zu Hunderttausenden in den Netzen der Thunfischer hängenblieben und ertranken, und um meine Bemühungen, hier für Abhilfe zu sorgen. Es gelang uns nicht, während der friedlichen Arbeit mit einer wilden Delphinherde an den Küsten Hawaiis vor dieser Katastrophe im Meer südöstlich von uns die Augen zu verschließen. Je mehr wir über unsere Spinnerdelphine an der Küste in Erfahrung brachten, desto drängender wurde der Wunsch, die gewonnenen Erkenntnisse zur Unterstützung ihrer Brüder und Schwestern im offenen Meer einzusetzen.

Es ist an der Zeit, kurz zu umreißen, wo und wie die Thunfischer arbeiten. Müßten wir uns auf den Weg in die tropischen Thunfischgründe machen, so wäre wohl die mexikanische Hafenstadt Manzanillo ein geeigneter Ausgangspunkt für die vier Tage und Nächte dauernde Reise südwestwärts in den Pazifik. Am Ziel sähen wir uns, so weit das Auge reicht, vom offenen Meer umgeben. Das einzige Land im Umkreis von 1600 Kilometern bildet Clipperton Island, ein winziges Eiland aus Korallen- und Meeresbodenfels. Ringsherum erstreckt sich bis zu den Galápagosinseln im Südosten, den Marquesasinseln im Südwesten und bis nach Hawaii im Nordwesten der gähnende Schlund des Pazifiks.

Noch in den 50er Jahren dieses Jahrhunderts gehörte dieser Teil des Pazifiks zu den unbekanntesten Meeresgebieten der Erde. Dank einer Thunfischfangflotte, die seit ihren Anfängen an den Küsten Mexikos und Mittelamerikas ständig weiter nach Westen vordrang und ein Delphinsterben ungekannten Ausmaßes verursachte, ist aus dieser Region ein kartographisch gut vermessenes Schlachtfeld geworden, deren Strömungsverhältnisse und Meeresbodentopographie den Wissenschaftlern mittlerweile nicht mehr fremd sind.

Vor 40 Jahren benutzten die meisten Fischer bei der Jagd auf Thunfisch Köder, die in der Nähe von Thunfischschwärmen, die gerade Nahrung zu sich nahmen, ins Wasser geworfen wurden. Die großen Fische, die angebissen hatten, wurden schließlich mit vereinten Kräften an Bord gehievt. Köderfische erbeutete man in den Lagunen entlang der tropischen Küsten, und die Fischer konnten sich deshalb nicht weit von dieser Quelle entfernen. Sie wußten aber, daß sich »irgendwo da draußen« – leider noch unerreichbar – weitere Thunfischschwärme von zuweilen beachtlicher Größe tummelten. Angesichts des Preises für Thunfisch warteten in den Tiefen des Ozeans unermeßliche Reichtümer!

Eine solche Verlockung bringt den Geist auf Trab. Findige Köpfe unter den Fischern begannen, mit gewaltigen Netzen zu experimentieren, die groß genug waren, um Delphine und Thunfische zu fangen. Nach vielen Fehlschlägen kam der Erfolg, das Fischereiwesen erlebte eine Revolution. Kleine Angelboote wurden durch riesige Netztrawler ersetzt, die 1000 Tonnen Thunfisch oder mehr erbeuten und einfrieren konnten. Außerdem waren der Reichweite der Schiffe nun keine Grenzen mehr gesetzt.

Die Fischer erkannten bald, daß sich Delphine hervorragend als »Wegweiser« nutzen lassen, um große Fischschwärme ausfindig zu machen. Thunfische scheinen sich gern in der Nähe von Delphinherden aufzuhalten und mit erstaunlicher Ausdauer bei ihnen zu bleiben. Ganz gleich, mit welcher Vehemenz die Delphine auch gejagt werden mochten, die Thunfische folgten unermüdlich nach.

Um an die Beute zu kommen, mußte man somit nur Ausschau nach Delphinen halten. Das war weiter kein Problem, da Delphine aufgrund ihrer Luftatmung zumeist nahe an der Wasseroberfläche schwimmen, wo sie ein mit einem guten Fernglas ausgerüsteter Beobachter im Ausguck schon aus etlichen Kilometern Entfernung zu entdecken vermochte. Der Trick bestand nun darin, die Geschwindigkeit der Delphine zu verlangsamen, das Netz kreisförmig um sie herum auszulegen, es am Boden fest zusammenzuziehen und die gefangenen Tiere herauszufischen. Wie das im einzelnen funktioniert, soll später beschrieben werden.

Das Problem bei dieser Art des Fischfangs bestand darin, daß die Fischer nicht wußten, wie sie die Delphine wieder freilassen sollten. Die lästigen Säuger schienen keine Ahnung zu haben, wie mit einem Netz umzugehen ist, wie sollten sie auch, waren sie doch bislang von Hindernissen dieser Art verschont geblieben. Sie schwammen gegen die Netzwände und verhedderten sich mit den Zähnen und Flossen darin. Die sich ständig verändernden Meeresströmungen brachten die kreisförmig ausgeworfenen Netze häufig durcheinander und verwandelten große Flächen in waagerecht herumwabernde, lose Maschenpartien: tödliche Fallen für auftauchende Delphine, die Luft schöpfen wollten. Vergeblich steckten die Säuger ihre Schnauze durch die Schlingen nach oben und mußten scharenweise jämmerlich ertrinken.

Ich werde weiterhin schildern, welche Rolle ich bei den Bemühungen der amerikanischen Regierung gespielt habe, diesem Sterben Einhalt zu gebieten. Außerdem gehe ich darauf ein, wie zahlreiche Wissenschaftler und der Gesetzgeber in den 70er Jahren des Problems allmählich Herr wurden. Eine wichtige Rolle spielten dabei Dr. William Perrin und seine Kollegen vom National Marine Fisheries Service Laboratory im kalifornischen La Jolla. Doch in den 80er Jahren, als mehr und mehr ausländische Fischereiflotten die Oberhand gewannen, die zum Teil keinerlei internationaler Kontrolle unterlagen, verschärfte sich das Problem erneut. Gegen Ende der 80er Jahre sind laut offiziellen Regierungsberichten jährlich gut 120000 Delphine ertrunken, darunter auch Spinnerdelphine sowie die eng mit ihnen verwandten Flecken- und Gewöhnlichen Delphine.

Ein großer Unterschied zur Auslöschung der gesamten Bevölkerung von Städten wie Arlington, Syracuse oder Tacoma (in Europa entsprechend etwa Göttingen, Innsbruck oder Lausanne; Anm. d. Übers.) besteht hier nicht mehr, und das *Jahr für Jahr*! Die volle Tragweite dieses Mordens wird erst dann wirklich begreifbar, wenn man sich vor Augen hält, daß die Delphinpopulation weltweit nur etwa fünf bis sechs Millionen Tiere umfaßt. Mittlerweile dürfte davon nur noch die Hälfte am Leben sein. Und mit ziemlicher Sicherheit gibt die Statistik die tatsächliche Zahl der getöteten Delphine viel zu niedrig an.

Diese zweite Phase des Delphinsterbens schien zunächst niemanden sonderlich zu stören. Ganz offenkundig war die amerikanische Öffentlichkeit in den späten 80er Jahren durch die ständigen Hiobsbotschaften von immer neuen ökologischen Katastrophen bereits abgestumpft. Doch dank der unermüdlichen Kampagnen des engagierten Earth Island Institute und der Reportagen eines jungen Umweltschützers namens Sam LeBudde änderte sich das bald. LeBudde hatte an Bord eines japanischen Netztrawlers angeheuert und hielt die erschütterndsten Szenen des Gemetzels mit seiner Videokamera fest. Anhand dieser Dokumentaraufnahmen entstand der Film »The Last Days of the Dolphin«. Der Schauspieler George C. Scott übernahm den Part des Kommentators. Mein Beitrag als Experte in Sachen Delphine bestand in einem leidenschaftlichen Plädoyer für diese Tiere.

Angesichts des neuerlich erwachenden Problembewußtseins der Öffentlichkeit erklärten einige Firmen der verarbeitenden Thunfischindustrie mit viel selbstinszeniertem Tamtam, sie würden künftig auf den Verbrauch von Delphinen bei der Thunfischjagd verzichten. Die Umweltschützer jubelten, und die Fischereiindustrie aalte sich im allenthalben zu vernehmenden Lob für ihre verantwortungsbewußte Einstellung. Ich bin jedoch der Ansicht, daß mit diesem Schachzug angesichts der wütenden Proteste der Öffentlichkeit zwar die finanzielle Situation der Fischereiindustrie verbessert werden konnte, für die Delphine in den Thunfischgründen hatte dies aber keine positiven Auswirkungen.

Ich habe meine beiden Erfahrungsberichte deshalb in kombinierter Form vorgelegt, damit auch einem breiten Publikum klar wird, daß es hier um mehr geht als um das abstrakte Jonglieren mit statistischen Zahlenwerten. Ich möchte, daß für den Leser einerseits nachvollziehbar wird, wie die Fischerei funktioniert, und daß er andererseits das Leben der Delphine kennen und begreifen lernt, denn so glaube ich unser Engagement für diese Tiere am besten vermitteln zu können.

Martin Runge
Objektivität durch Umweltbilanzierung?

Seit gut 20 Jahren werden Untersuchungen über die Umweltwirkungen verschiedener Produkte auf ihrem gesamten Lebensweg angestellt. Der Lebensweg beispielsweise von Verpackungen beginnt mit der Gewinnung der für das Herstellen der Packstoffe benötigten Rohstoffe und endet mit der Entsorgung der ausgedienten Packmittel. Mittels solcher Untersuchungen, die unter verschiedenen Bezeichnungen wie Ökobilanzen, Ökoprofile, Lebenswegbilanzen oder life-cycle analysis diskutiert werden, sollen die mit der Erstellung, Verteilung, Nutzung und Entsorgung von Produkten zusammenhängenden Umwelteingriffe erfaßt werden. Teilweise sollen auch die Auswirkungen dieser Eingriffe auf natürliche Umwelt und menschliche Gesundheit bewertet werden. Etwa die Hälfte der bislang veröffentlichten gut 100 Produktökobilanzen ist Packstoffen bzw. Packmitteln gewidmet. Beim Vergleich der Ergebnisse dieser Ökobilanzen stößt man auf erhebliche Diskrepanzen, die in Art und Menge der verwendeten Daten, vor allem aber in unterschiedlicher Methodik begründet sind.

Im deutschsprachigen Raum besonders bekannt sind die »Ökobilanzen von Packstoffen« des Schweizer Bundesamtes für Umweltschutz von 1984 sowie von 1990 in aktualisierter und ergänzter Form. Hier wurden die Umweltwirkungen verschiedener Packstoffe untersucht und auf alternative Verpackungsarten für Milch sowie Bier umgerechnet. Rohstoff- und Energieverbrauch, Emissionen verschiedener Schadstoffe in Luft und Wasser sowie Aufkommen an festen Abfällen infolge der Herstellung der jeweiligen Packstoffe wurden ermittelt. Um die Abgabe unterschiedlicher Schadstoffe vergleichbar und die Bilanzierung der Umweltwirkungen insgesamt überschaubar zu machen, wurden die verschiedenartigen Emissionen zu je einer Kennzahl für die Schadstoffbelastung von Luft und von Wasser aufaddiert. Der gesamte Energieverbrauch wurde zu einer einzigen Energieverbrauchszahl zusammengefaßt, wobei für elektrische Energie ein thermisches Äquivalent errechnet wurde. Auch der Verbrauch fossiler Brennstoffe, die als Grundstoffe von Verpackungsmaterialien dienen, ging in Form des unteren Heizwertes dieser Stoffe in die Energieverbrauchszahl ein. Zur Bestimmung der Umweltwirkungen von Verpackungen wurden die so ermittelten Umweltbelastungen bei der Packstoffherstellung auf bestimmte Verpackungen umgerechnet und zu den Umweltbelastungen auf den übrigen Stufen im Lebensweg dieser Verpackungen (Transport, Reinigung von Mehrwegverpackungen und Entsorgung ausgedienter Verpackungen) hinzugerechnet.

Ergebnis war, daß im Falle von Milchverpackungen Flaschen aus Polyethylen (PE) die größten Umweltbelastungen erzeugen, gefolgt von Getränkekartons, die für die höchste Wasserverschmutzung verantwortlich sind. Am günstigsten im Hinblick auf Umwelteingriffe sind PE-Schlauchverpackungen und Mehrweg-Glasflaschen, letztere allerdings nur bei Erreichen hoher Umlaufzahlen. Auch im Falle von Bierverpackungen sind die Umweltwirkungen von Mehrweg-Glasflaschen geringer als die Umweltwirkungen anderer Verpackungsarten. Je höher die Umlaufzahl von Mehrweg-Glasflaschen ist, desto niedriger sind die Umweltbelastungen pro Packguteinheit. Aluminiumdosen bedingen den mit Abstand größten Energieverbrauch und sind zudem durch hohe Luft- und Wasserbelastung gekennzeichnet. Einweg-Glasflaschen verursachen auch im Falle von Glaswiederverwertung (hier wurde von einer Altglaseinsatzquote von 43 Prozent ausgegangen) erhebliche Luft- und Wasserverschmutzungen sowie große Abfallmengen.

Verschiedene Punkte relativieren jedoch den Aussagewert dieser Schweizer Ökobilanzen. Schon allein, weil ausschließlich Mittelwerte miteinander verknüpft wurden, also nicht auf individuelle Produktions- und Konsumbedingungen eingegangen wurde, läßt sich die Behauptung, eine Verpackungsart wäre grundsätzlich immer aus ökologischen Gesichtspunkten anderen vorzuziehen, nicht ableiten. Zu kritisieren ist auch die Zusammenfassung der Luft- und Wasserbeeinflussung zu je einer einzigen Kennzahl. Zusammengerechnet wurden die Luft- bzw. die Wassermengen, die jeweils durch eine Schadstoffart in einer bestimmten Höhe belastet waren. Zur Bestimmung dieser Höhe wurde auf Schadstoffkonzentrationen, die nach verschiedenen Gesetzen und Verordnungen maximal zulässig waren, zurückgegriffen. Gesetzliche Grenzwerte sagen jedoch wenig über Umweltwirkungen durch den jeweiligen Schadstoff aus. Schließlich wurden in den Schweizer Studien nur ein Teil der Umwelteingriffe durch die Transportvorgänge berücksichtigt.

In einer Untersuchung des bundesdeutschen Umweltbundesamtes wurde festgestellt, daß Einwegtragetaschen aus Kunststoff (PE) weniger umweltbelastend sind als solche aus Kraftpapier. Zwar sind die Umweltwirkungen bei Verbrennung und Deponierung von Papier- wie von PE-Tragetaschen etwa gleich groß. Bei der Produktion von Papiertragetaschen wird allerdings erheblich mehr Energie verbraucht, werden weitaus mehr Schadstoffe, mit Ausnahme bestimmter organischer Verbindungen, ausgestoßen, als bei der Produktion von PE-Tragetaschen. Mit diesem Resultat machten dann auch prompt die Hersteller von Kunststofftüten Werbung für ihre Produkte. Dabei verschwiegen sie die in einem weiteren Untersuchungsschritt festgestellte Vorteilhaftigkeit von Mehrwegtragetaschen. Werden stabilere Einkaufstaschen, in der Studie des Umweltbundesamtes wurden Taschen aus Jute und Polyamid zum Vergleich herangezogen, benutzt, so sinkt die Umweltbelastung sowohl infolge der Herstellung als auch infolge der Entsorgung um ein Vielfaches.

Ein weiteres Beispiel für den Mißbrauch von Produktökobilanzen in der Werbung lieferte der Fachverband Kartonverpackungen für flüssige Nahrungsmittel (FKN), der ökologische Vorzüge von Verbundkartons gegenüber Glasverpackungen mit einer an der Technischen Universität Berlin verfaßten Studie zu belegen suchte. Diese Untersuchung enthielt jedoch mehrere Fehler. So wurden für Glasflaschen die Abwasserfrachten aus der Reinigung gleich doppelt berechnet sowie völlig unrealistische Transportentfernungen angesetzt. Bei der Energiebilanz der Verbundkartons wurde der Energieinhalt ihres Rohstoffes Holz nicht berücksichtigt. Gleichzeitig wurde jedoch Energie aus der Verbrennung von Holzresten der Zellstoffherstellung in der Bilanz gutgeschrieben.

Schon allein, weil Umweltdaten nach ganz unterschiedlichen Methoden erfaßt und verarbeitet werden können, läßt sich heutzutage in Ökobilanzen fast jede Verpackungsart als die jeweils umweltverträglichste darstellen. Derzeit wird an nationalen und internationalen Konventionen gearbeitet, um die Methodik für Ökobilanzen zu normieren. Der Vereinheitlichung der Methodik soll auch eine Grundlagenstudie dienen, an der eine Projektgemeinschaft, bestehend aus dem Fraunhofer-Institut für Lebensmitteltechnologie und Verpackung, dem Institut für Energie- und Umweltforschung sowie der Gesellschaft für Verpackungsmarktforschung im Auftrag des Umweltbundesamtes seit 1990 arbeitet.

Für den Aufbau von Ökobilanzen wird vom Umweltbundesamt vorgeschlagen, nach der Formulierung des Bilanzierungszieles zuerst eine »Sachbilanz« und dann eine »Wirkungsbilanz« zu erstellen und schließlich die Ergebnisse dieser beiden Bilanzen zu bewerten. Die »Wirkungsbilanz« hat die Aufgabe, die mit der Sachbilanz erfaßten Umweltdaten hinsichtlich ihrer möglichen Auswirkungen auf bestimmte Umweltgüter, aber auch auf die menschliche Gesundheit zu beurteilen. Schon beim Anfertigen der »Sachbilanz« werden jedoch zahlreiche Problemfelder deutlich. Für jeden einzelnen Prozeßschritt, den die Verpackung durchläuft, sollen quantifizierbare Umweltbelastungen zahlenmäßig erfaßt werden. Einmal stellt sich die Frage nach der richtigen Abgrenzung, ist doch der Lebensweg von Verpackungen eingebettet in den Lebensweg zahlreicher anderer Produkte, so etwa Maschinen zur Packstoffherstellung oder Kraftfahrzeuge zum Leergutrücktransport. Daneben gibt es Umweltwirkungen, die sich nicht in Zahlen ausdrücken lassen, wie Landschaftseingriffe oder Geruchsemissionen. Weiterhin werden von den tatsächlich quantifizierbaren Umweltdaten in der Regel nur die für die Umweltbilanzierung erfaßt, die aufgrund bestehender Emissions- oder Immissionsvorschriften generell ermittelt werden müssen. So stoßen beispielsweise Müllverbrennungsanlagen unzählige Schadstoffe aus, für die es keine gesetzlichen Grenzwerte gibt und die somit meist auch nicht gemessen werden. Und zuletzt ist es kaum möglich, für alle einzelnen Prozeßschritte jeweils die individuellen Daten zu erheben, so daß teilweise auf verallgemeinerte, firmenunspezifische Prozeßdaten, die sich aus gewichteten Mittelwerten errechnen, zurückgegriffen werden muß. Wie die einzelnen Umweltwirkungen dann gewertet werden, ist vor allem abhängig von gesellschaftlichen, von politischen Zielvorstellungen. Dies ist weniger eine Frage der Naturwissenschaft Ökologie als eine Frage der Ethik, teils auch der Ästhetik.

In keinem Fall können Ökobilanzen für einen längeren Zeitraum allgemeingültige, punktgenaue Aussagen im Vergleich verschiedener Verpackungsalternativen liefern. Selbst bei der Ermittlung ausschließlich individueller Prozeßdaten muß berücksichtigt werden, daß sich einzelne Prozeßschritte auf dem Lebensweg bestimmter Verpackungen sehr schnell ändern können. Auf der anderen Seite sind Ökobilanzen gut geeignet, grobe Produktvergleiche anzustellen sowie Schwachstellen im Lebensweg bestimmter Produkte zu identifizieren.

Johano Strasser

Humanisierung der Arbeit – die ungenutzte Chance

Bisher war fast ausschließlich von Erwerbsarbeit die Rede und nur nebenbei von dem großen Rest, den wir oft pauschal als Freizeit bezeichnen, obwohl wir sehr wohl wissen, daß dazu sehr viel mehr gehört als freie, d. h. zur freien und selbstbestimmten Gestaltung verfügbare Lebenszeit. Wenn hier nun von der Humanisierung der Arbeit gesprochen wird, so geht es nicht nur um die Erwerbsarbeit, sondern auch um die vom Umfang her weitaus bedeutendere Nichterwerbsarbeit, die, auch wenn sie nicht monetarisiert ist und daher von unseren geldwertfixierten Ökonomen zumeist nicht zur Kenntnis genommen wird, von außerordentlicher gesellschaftlicher Bedeutung ist. Da die Familienarbeit, die den weitaus gewichtigsten Teil der Nichterwerbsarbeit ausmacht, traditionell immer noch vorwiegend den Frauen aufgebürdet wird, sind hier zugleich spezifische Fragen des Mann-Frau-Verhältnisses berührt.

Wir wollen gleich zu Anfang einem Vorurteil entgegentreten, das immer noch weit verbreitet ist, nämlich der Ansicht, daß bestimmte, vor allem körperlich anstrengende oder monotone Arbeiten an sich und unter allen Umständen inhuman seien und deshalb nach Möglichkeit wegrationalisiert werden müßten. Wenn dies so wäre, dann ließe sich kaum erklären, warum so viele Jogger freiwillig eine höchst anstrengende und monotone Tätigkeit ausüben, die sie, wenn sie ihnen Tag für Tag und Woche für Woche im Beruf abverlangt würde, wohl für menschenunwürdig ansehen würden. Um zu erläutern, worauf wir hinauswollen, möchten wir den amerikanischen Schriftsteller Mark Twain zum Zeugen anrufen.

Im zweiten Kapitel von »Tom Sawyers Abenteuer« führt uns Mark Twain vor, wie man eine mühevolle und eintönige Arbeit in eine faszinierende Freizeitaktivität umwandeln kann. Es fängt damit an, daß Tom unter dem strengen Regiment seiner Tante Polly einen fünfunddreißig Meter langen und zwei Meter hohen Bretterzaun anstreichen muß. Es ist die reinste Plackerei, fremdbestimmte, als Qual empfundene Arbeit im Reich der Notwendigkeit. Als zu allem Unglück auch noch Toms Freunde auftauchen, die zum Fluß hinunter baden gehen wollen, hat Tom eine Idee. Er gibt vor, von seiner Arbeit gefesselt zu sein. Hingebungsvoll setzt er Pinselstrich neben Pinselstrich, tritt gelegentlich ein wenig zurück, um hingerissen sein Werk zu betrachten, hier und da eine Korrektur anzubringen. Die Freunde kommen näher, sehen Tom völlig absorbiert in seiner Tätigkeit. Sie sprechen ihn an, er reagiert nicht, hört sie womöglich gar nicht. Schließlich fragen sie ihn, ob er nicht mit baden gehen will. Aber Tom lehnt ab. Der Dialog, der sich nun zwischen Tom Sawyer und seinem Kumpel Ben entspannt, sollte zur Pflichtlektüre aller Arbeitswissenschaftler gemacht werden:

Ben: Kommst du nicht mit? Oder willst du vielleicht lieber arbeiten, he?

Tom: Arbeiten? Willst du das vielleicht arbeiten nennen?

Ben: So ein Blödsinn, ist das vielleicht keine Arbeit?

Tom: Auffassungssache, lieber Ben, Auffassungssache. Vielleicht ist es wirklich Arbeit, aber Tom Sawyer macht es jedenfalls Spaß.

Ben: Du willst doch nicht im Ernst behaupten, daß du diese Arbeit gern machst?

Tom: Sag einmal, warum sollte ich das nicht gern tun? Bist du vielleicht der Meinung, daß es bei Burschen wie ich oder du jeden Tag vorkommt, daß sie einen Zaun streichen dürfen?

Das Ergebnis des Verwandlungskunststücks ist bekannt. Einer nach dem anderen drängen sich die Freunde heran, um auch einmal ein Stück des Zauns streichen zu dürfen. Ja, sie zahlen sogar dafür mit dem, was Jungen an kleinen Besitztümern so in der Tasche haben, und Tom nimmt die Gebühren entgegen, legt die Reihenfolge fest und erlaubt den Freunden gnädig, ein wenig von dem zu tun, was soeben noch qualvolle Mühe war.

Was wir aus dieser kleinen Episode lernen können, ist, daß es einen himmelweiten Unterschied ausmacht, unter welchen Bedingungen und in welchem Sinnhorizont dieselbe Arbeit geleistet wird. Da ist zunächst der Unterschied zwischen *müssen* und *dürfen*, der in dem Dialog zwischen Tom und Ben sehr deutlich wird.

In der Sprache der Theoretiker wäre dies die Differenz zwischen fremdbestimmter und selbstbestimmter Arbeit. Aber vielleicht noch entscheidender ist, daß Tom die Freunde veranlaßt, nicht nach dem Zweck der Arbeit zu fragen, sondern sich vorzustellen, daß ihre Ausübung Spaß macht, d. h., daß sie als eigenständige Quelle der Befriedigung ihren Sinn in sich selbst hat. Genau dies ist aber der Aspekt, der in der modernen industrialistischen Entwicklung der Arbeit mehr und mehr verdrängt wurde: die Möglichkeit der intrinsischen Befriedigung durch die Ausübung einer produktiven Tätigkeit.

Das alles beherrschende Ziel der Industriegesellschaft war und ist die Steigerung der Produktion. Zu diesem Zweck wurden die Arbeitsteilung und die Arbeitszerteilung immer weiter getrieben, so daß das sinnhafte Band zwischen der Arbeit und dem hergestellten Gebrauchswert zerriß und schließlich nur noch der Lohn als Restsinn der Arbeit übrigblieb. Die blinde Fixierung auf die Erhöhung der Produktivität hat die Möglichkeiten, die Arbeit selbst menschenwürdiger und befriedigender zu gestalten, fast ganz aus dem Blick geraten lassen. Zwar gibt es Arbeitsschutzbestimmungen und hier und da Bestrebungen, den Arbeitenden mehr Selbstbestimmung einzuräumen, aber im ganzen gilt Arbeit doch als Last, als leider unvermeidliche, möglichst zu reduzierende Qual im Reich der Notwendigkeit.

Daß Arbeit unter allen Umständen Last und Konsum der Inbegriff der Lust sei, ist aber genau das Ideologem, das unserem einseitigen Rationalisierungsmodell zugrunde liegt. Rationalisierung, d. h. die Wirtschaft vernünftiger einrichten, kann in dieser Perspektive nur heißen, die Arbeit zu minimieren und den Konsum zu maximieren, um so für alle eine möglichst positive Lustbilanz zu erreichen. Daß Arbeiten selbst eine Quelle der Lust sein kann, daß sie sinnstiftend wirken und Befriedigung schenken kann und daß es sich lohnt, die Arbeitsbedingungen so zu gestalten und den Arbeitsprozeß so zu organisieren, daß die Arbeit möglichst wenig belastend und möglichst befriedigend ist, das wurde unter dem selbstauferlegten Zwang zur einseitigen Steigerung der Arbeitsproduktivität fast ganz übersehen.

Nur noch selten ist es körperliche Überbeanspruchung, unter der die Arbeitenden in den hochentwickelten Industriegesellschaften leiden. Die Knochenarbeit wurde zumeist aus Gründen der Produktivitätssteigerung auf Maschinen übertragen. Heute werden Arbeitslast und Arbeitsleid vornehmlich durch andere Faktoren verursacht: übermäßige Fremdbestimmung und lückenlose Kontrolle, Monotonie, inhaltliche Unterforderung, psychische Überforderung, Zeitdruck, Belastung durch Schichtarbeit, Lärm, Schadstoffe, schlechtes Betriebsklima etc. Die horrenden Zahlen über Krankheit und Frühinvalidität, die ihre Ursache ganz oder hauptsächlich in der Arbeitssituation haben, zeigen unmißverständlich, in welchem Maße die Bedürfnisse der Arbeitenden bei der Organisation der Arbeit vernachlässigt werden.

Kluge Unternehmer haben in den letzten Jahren zunehmend begriffen, daß Anstrengungen zur Verbesserung der Arbeitssituation sich auch für sie lohnen können. Zudem führt die Differenzierung der Konsumentenwünsche in den hochentwickelten Industriegesellschaften ganz offensichtlich in immer mehr Bereichen zum Abschied von der tayloristischen Massenfertigung und zu flexiblen und hochvernetzten Fertigungsmethoden, die der Selbstbestimmung am Arbeitsplatz und der Anreicherung der Arbeitsaufgaben ganz neue Chancen einräumen. Besonders auffällig ist dies in jenen Produktionssektoren, wo es zur Integration von Entwicklung und Fertigung kommt und damit zum Teil die herkömmliche Arbeitsteilung rückgängig gemacht wird.

Wir plädieren für eine neue politische Initiative zur Humanisierung der Arbeit, die vor allem die in den sich abzeichnenden arbeitsorganisatorischen Veränderungen liegenden Chancen nutzt, um Entwürdigung, Unterforderung, Streß und Gefährdung am Arbeitsplatz nach Möglichkeit zu beseitigen. Eine solche Initiative ist für die meisten Unternehmen und ganz sicher für die Gesellschaft insgesamt nützlicher, als durch ein immer dichteres Kontrollnetz und die Einführung sogenannter »Karenztage« den durch die hohe Arbeitslosigkeit ohnehin schon starken Druck auf die Arbeitnehmer weiter zu erhöhen.

Freilich darf die Humanisierung der Arbeit nicht bei der Erwerbsarbeit stehenbleiben. Die Überbeanspruchung von Frauen, durch die ihnen zumeist einseitig aufgebürdete Familienarbeit, insbesondere die Doppelbelastung von Frauen durch Haushalt und Beruf darf dabei nicht außer acht gelassen werden. Kaum ein

Bereich ist besser geeignet als die Familienarbeit, um deutlich zu machen, daß eine Arbeit, die an sich interessant, vielseitig und befriedigend ist oder zumindest sein kann, durch zeitliche Überlastung und ungerechte Verteilung der Lasten zur Plage werden kann. Humanisierung der Familienarbeit heißt darum in erster Linie gerechtere Verteilung der häuslichen Arbeit zwischen Mann und Frau, und die Möglichkeiten hierzu wachsen in dem Maße, in dem die Erwerbsarbeitszeiten weiter verkürzt und flexibilisiert werden.

Wir halten das Thema »Humanisierung der Arbeit« auch deswegen für hochaktuell, weil wir die verbreiteten utopischen Hoffnungen nicht teilen, die an die Automation geknüpft werden. Die Befreiung von der Arbeit durch die Errichtung eines Schlaraffenlandes vollautomatisierter Produktion (ein Traum, den Kapitalisten und Sozialisten lange gemeinsam geträumt haben) würde, wie sich heute absehen läßt, zu teuer erkauft werden: mit einer radikalisierten Abhängigkeit von anonymen Apparaten, mit einer weiteren Verfestigung demokratisch nicht oder nur schwer kontrollierbarer Macht und mit ungeheuren Risiken, deren Bewältigung allenfalls mit einem unökonomischen und freiheitsvernichtenden Maß an Sicherheitsvorkehrungen zu leisten wäre. Außerdem meinen wir, daß es keinen vernünftigen Sinn macht, dem Schaffensdrang des Menschen, der von Natur aus ein produktives, schöpferisches Wesen ist, alle Gelegenheit zur Bewährung in der Arbeit zu nehmen, nur um ihm mehr und mehr Möglichkeiten zur ersatzweisen Betätigung in der Freizeit bieten zu können.

Erst recht wird die Humanisierung der Arbeit ein zentrales Anliegen, wenn aus ökologischen Gründen die ständige Steigerung des Konsums gestoppt werden muß. Wir glauben, daß in Gesellschaften unseres Typs und Entwicklungsstands die Lebensqualität sich wirkungsvoller dadurch steigern läßt, daß man mehr Möglichkeiten selbstbestimmter und befriedigender Praxis (in der Erwerbsarbeit ebenso wie im Nichterwerbssektor) eröffnet, statt den Ausstoß an Gütern und Dienstleistungen immer weiter zu erhöhen, zumal ein nicht geringer Anteil des Konsums der Kompensation von Leid und Frustrationen im Arbeitsprozeß dient. Wenn wir angesichts der Grenzen des Wachstums manche luxurierenden Konsumwünsche werden einschränken müssen, so können wir uns doch, wenn wir unseren Willen und unsere Phantasie darauf konzentrieren, den Luxus befriedigender, weitgehend selbstbestimmter, die ganze Persönlichkeit des Menschen fordernder und fördernder Arbeit leisten.

Zwar ist Arbeit, auch als freie Tätigkeit, nie nur Lust, nur mühelose Verausgabung schöpferischer Phantasie, sondern immer mit Anstrengung und Verzicht verbunden, nie ganz und gar selbstbestimmt, weil der Widerstand der Dinge und die Zwänge der Kooperation notwendig Anpassung, Unterordnung, die Einhaltung von Regeln und Absprachen verlangen; und immer ist auch Versagen möglich und die Enttäuschung über das Verfehlen des Ziels. Insofern ist Arbeit immer auch ein Stück weit asketisch. Aber wir können sie, wenn wir wollen, so organisieren, daß zu dem asketischen Moment noch andere hinzutreten, ja, das Übergewicht gewinnen, daß Arbeit die Menschen fördert, statt sie zu erschöpfen, daß sie als sinnvoll erlebt wird und von Belastungen befreit wird, die mit der Würde des Menschen nicht vereinbar sind.

Ernst-Ludwig Winnacker
Das Genomprojekt und die Folgen

Wir stehen heute also am Anfang einer Totalanalyse nicht nur des menschlichen, sondern auch einer Reihe von tierischen, pflanzlichen und mikrobiellen Genomen. Ihr Ziel ist natürlich die Beantwortung einer Reihe von Grundsatzfragen aus der Genetik; sie lassen sich zum großen Teil auch an der Analyse anderer Genome als denen des Menschen beantworten. Sinn und Zweck des menschlichen Genomprojektes liegen in erster Linie darin, die Ursachen von genetisch bedingten Krankheiten des Menschen aufzuklären. Dies ist nach meinem Verständnis seine wirkliche Legitimation. Es bleibt dahingestellt, ob nicht die Aufklärung der Natur der menschlichen Gene auch als Kulturaufgabe anzusehen ist – immerhin sind die Gene natürlich Teil unserer Anatomie und bilden sozusagen eine letzte Grenze, die es (wie einst den Westen Amerikas) zu erreichen gilt. Wie auch immer man hierüber denken mag, wirklich aktuell ist dagegen sicherlich die Frage, wo denn diese Bemühungen unsere gesellschaftliche und individuelle menschliche Existenz tangieren und dadurch ethischen Rang gewinnen.

Ein erstes Stichwort liefert hier die sogenannte Genomanalyse, deren Einsatz letztlich, wie oft behauptet und kritisiert wird, nur zu einem Teufelskreis zwischen Diagnose und Schwangerschaftsabbruch führe. In der Tat zählen die Genomprojekte zu ihren Anfangserfolgen auch die Aufklärung der Gene einiger weitverbreiteter Erbkrankheiten wie etwa der Mukoviszidose. Bis zur Identifizierung des zugehörigen Gens im Jahre 1989 konnten entsprechende Risikofamilien nur rein statistische Aussagen über die Wahrscheinlichkeit des Auftretens der Krankheit in ihren Kindern erhalten. Angaben von der Art, daß ein erwartetes Baby mit einer Wahrscheinlichkeit von 75 Prozent gesund sei, sind aber im Grunde nicht viel nütze – vielleicht wäre es dann sogar besser, gar nichts zu wissen. Bei einer Reihe von Erbkrankheiten, allerdings bislang auch nur bei rund 40 von insgesamt 4000, ist dies heute anders, so daß sich hier auch schon in sehr frühen Phasen der

Schwangerschaft eindeutige individuelle Diagnosen stellen lassen.

Therapeutische Optionen

So erfreulich sich diese Möglichkeit im Falle einer Negativ-Diagnose darstellen mag, so spärlich sind heute noch die Optionen im Falle einer Positiv-Diagnose. Da die den erwähnten Erbkrankheiten zugrundeliegenden Gene meist erst seit kurzem bekannt sind, hinken die therapeutischen Entwicklungen, die der Kenntnis der Gene bedürfen, meist noch arg hinterher. Im Falle der Mukoviszidose etwa wissen wir heute bereits, welches Protein in der Krankheit verändert vorliegt; bekannt ist auch, wo genau die der Erkrankung zugrundeliegende Veränderung vorliegt. Es fehlt nämlich ein einziger von insgesamt über 1600 Bausteinen in der Mitte dieser langen Kette aus Aminosäuren, die sich aus diesem Grunde nur unvollständig falten kann. Nun ist man in vielen Laboratorien fieberhaft damit beschäftigt, dieses Protein in größeren Mengen herzustellen und dann nach Arzneimitteln zu suchen, die den Fehler zu kompensieren vermögen.

In anderen Fällen stellt man sich vor, den Organismus von außen mit dem fehlenden Protein zu versorgen, ähnlich wie dem Diabetiker heute schon durch die Gabe von gentechnisch erzeugtem Insulin geholfen wird. In wieder anderen Fällen denkt man an eine Gen-Therapie. Es spricht nichts Grundsätzliches dagegen, statt ein fehlendes Protein zu verabreichen, den Organismus mit dem fehlenden Gen zu versehen, der es dann *in situ*, wie ein gesunder Organismus auch, in das notwendige Protein umwandeln kann. Die Zukunft hat auch hier schon begonnen. Zu Beginn der 90er Jahre wurden auf diese Weise in den USA zwei Kinder behandelt, die wegen des Fehlens eines bestimmten Proteins – der Adenosin-Desaminase, abgekürzt ADA – in ihren Körperzellen an einer schweren Immunschwäche litten. Indem man bestimmte Zellen aus dem Knochenmark der jungen Patientinnen mit dem fehlenden Gen versah und diese Zellen dann in den Organismus zurückverpflanzte, konnte ihnen in der Tat geholfen werden. Sie haben das Krankenhaus längst verlassen und besuchen nun ganz normal die Schule. Ob sie wirklich langfristig geheilt sind, kann nach so kurzer Zeit noch nicht als ausgemacht gelten.

Ähnliche gentherapeutische Ansätze sind in der Krebsbehandlung in Arbeit. Es war vielleicht eine der bedeutendsten Leistungen der Gen-Forschung auf diesem Gebiet, als es kürzlich gelang, das Gen zu isolieren, das für den recht häufig auftretenden Dickdarmkrebs prädisponiert, und zu zeigen, wie durch eine spontane Veränderung in seiner Struktur die befallene Dickdarmzelle zu maßlosem Wachstum angeregt wird. Auch hier ist nun nach der Identifizierung der molekularen Ursache dieser Krebsform der Weg für eine Therapie vorgezeichnet. Vor Illusionen sei jedoch gewarnt: Die Schere zwischen diagnostischem und therapeutischem Können wird noch lange klaffen, zunächst vielleicht sogar noch weiter werden.

Die grundsätzlichen Schwierigkeiten im Einsatz der Gen-Therapie liegen unter anderem darin, daß es nicht einfach damit getan ist, ein Gen in eine Zelle einzubringen und dafür zu sorgen, daß es in ein Protein übertragen wird. Entscheidend ist oft, daß das Biomolekül auch in der richtigen Menge produziert wird. Ein Zuwenig ist hier genauso von Übel wie ein Zuviel. Unser Blutfarbstoff, das Hämoglobin, mag dies illustrieren: Es besteht aus den zwei Eiweißketten α und β, die genau im Verhältnis 1:1 produziert werden müssen und normalerweise auch produziert werden, obwohl die zugehörigen Gene sogar auf verschiedenen Chromosomen liegen. Liegt eine dieser Ketten im Überschuß vor, kommt es zu problematischen Änderungen der Fließeigenschaften des Blutes, die nicht weniger schwerwiegend sind als diejenigen, die auftreten, wenn eine der beiden Ketten in defekter Form oder überhaupt nicht produziert wird. Die bereits erwähnte Thalassämie etwa, eine schwere Erbkrankheit, die gehäuft im Mittelmeerraum, hier vor allem in Sizilien und Zypern, auftritt, geht oft auf genau diese Schwierigkeiten zurück. Erst wenn wir wirklich gelernt haben, wie die Gene gesteuert werden, wenn wir wissen, wie es kommt, daß ein bestimmtes Gen in einem bestimmten Zelltyp nur mit dieser und nicht mit einer anderen Effizienz abgelesen wird, erst dann werden genetische Therapien wirklich zu einer therapeutischen Option werden.

In dieser Lage mit ihrem Mangel an therapeutischen Möglichkeiten steckt man leicht den Kopf in den Sand, und schnell erschallt der Ruf nach einem »Recht auf Nichtwissen«. Daß Wissen vor diesem Hintergrund zu einer Last werden kann, ist nur allzu verständlich. Die Belastung durch unerträgliche Entscheidungszwänge und kaum akzeptable Alternativen kann zu solchen Unsicherheiten führen, daß der Gedanke, mit weniger Wissen am Ende besser zu leben, dem einen oder anderen als Trost erscheinen mag und selbstverständlich auch respektiert werden muß. Ob er für jedermann als Maxime für die Lebenspraxis taugt, sei dahingestellt. Keinesfalls darf er daher in einen allgemeinen »Zwang zum Nichtwissen« ausarten. Nicht alle Leute haben die Zeiten der Kinderlähmung, der Diphterie und der Pocken so weit aus ihrem Gedächtnis verbannt, daß sie nicht doch darauf hofften, entsprechende medizinische und wissenschaftliche Glanzleistungen könnten sich vielleicht noch einmal wiederholen. In einer pluralistischen Gesellschaft müßte eigentlich Platz für beide Ansichten sein. Genauso wie es unmoralisch sein kann, zu handeln, kann es verwerflich sein, nicht zu handeln. Eine einzige, von der Gesellschaft oktroyierte Alternative darf es in diesen Fragen nie geben. Der »Königsweg« kann daher nur ein solcher Weg sein, der die individuellen Optionen offenhält und gleichzeitig die absolute Vertraulichkeit der persönlichen Entscheidungen garantiert.

Dies ist nicht zuletzt deshalb von Bedeutung, weil auch Dritte am Wissen um erbliche Gegebenheiten interessiert sein könnten. Man denke an eine Krankheit wie den Veitstanz, Chorea Huntington, der bis weit über die Mitte des Lebens hinaus ein lebenswertes Leben ermöglicht und dann allerdings unausweichlich und bislang fast ohne Therapiemöglichkeit als neurodegenerative Erkrankung zum Tode führt. Oder auch an weniger lebensbedrohliche genetische Defekte, wie den vergleichsweise sehr häufigen α_1-Anti-Trypsin-Mangel, der seine Träger zur Entstehung eines Lungenemphysems prädisponiert, das bei starkem Rauchen auch zum Ausbruch kommt. Da Personen mit derartigen genetischen Anlagen zwar ein normales Leben führen können, trotzdem aber in der einen oder anderen Hinsicht eingeschränkt sind, könnte die Offenlegung relevanter genetischer Daten über ihre Krankheitsrisiken oder Lebenserwartungen für einen Arbeitgeber oder ein Versicherungsunternehmen von Bedeutung sein. Natürlich muß eine solche Offenlegung nicht grundsätzlich verwerflich sein, da sie keineswegs nur betrieblichen Interessen, sondern durchaus auch dem Schutz eines Arbeitnehmers dienen kann. Die Gefahren der Ausgrenzung oder der Stigmatisierung der Betroffenen sind jedoch im Zweifelsfall so groß, daß meiner Ansicht nach in diesem Bereich die individuellen, persönlichen Belange sogar gesetzlich geschützt werden müssen, um damit dem Prinzip der Freiwilligkeit und der informationellen Selbstbestimmung immer den absoluten Vorrang zu erhalten. Eine genetische Klassengesellschaft darf es nie und nimmer geben.

Umgang mit Behinderung

Wie sorgfältig auch immer diese Fragen gelöst werden – und es gibt dafür in unserem Lande gute Ansätze –, es wird immer das Problem des technologischen Imperativs übrig bleiben, das Gefühl also, zu einer Genomanalyse, sofern diese denn im Einzelfall möglich ist, gezwungen zu sein, da man glaubt, sich selbst oder auch der Gesellschaft gegenüber das Stigma einer Behinderung wohl kaum mehr leisten zu können. Die Erhebung von individuellen genetischen Daten, so hat es Franz Böckle ausgedrückt, ist dann nicht nur technisch möglich, sie wird sozial erwartbar.

Dazu möchte ich Stellung nehmen. Die überwiegende Zahl der Behinderungen ist alters- und unfallbedingt. Der genetisch bewirkte Anteil liegt höchstens bei 10 bis 15 Prozent. Selbst die Vermeidung aller genetisch bedingten Behinderungen, die aus grundsätzlichen Erwägungen heraus aber gar nicht vorstellbar ist, würde daher am Gesamtbild der Behinderungen kaum etwas merklich ändern.

Andererseits bin ich davon überzeugt, daß die im Falle der extrem schweren Krankheitsbilder vieler Erbkrankheiten häufig geäußerte Ansicht, die Gesellschaft bedürfe schlechthin des Anblicks und der Existenz solcher Behinderter, unhaltbar ist. Die Behauptung, die Welt werde ohne sie zu einem ärmeren Platz, weil ihre Pflege die allerbesten und edelsten Kräfte im Menschen und der menschlichen Gesellschaft mobilisiere, halte ich im Grunde für Heuchelei. Natürlich kann das Leben mit Behinderten eine große Bereicherung und Befriedigung für denjenigen darstellen, der sich ihre Pflege zum Lebensziel gesetzt hat. Aber ist diese Form der Argumentation nicht genauso ein Armutszeugnis, wie es der Vorschlag wäre, den Krieg als nützliche Einrichtung beizubehalten, nur weil sich in seinem (sonst recht unergiebigen) Schatten auch Ruhm, Heldentum und Nächstenliebe manifestieren?

Schließlich frage ich mich, warum immer wieder suggeriert wird, die Solidargemeinschaft der Versicherten werde die genetisch bedingten und in Zukunft vielleicht vermeidbaren Behinderungen nicht mehr mittragen. Eine Gesellschaft, die die Risiken von Drachenfliegern, Paragleitern, Rennfahrern und Hobbyreitern – alles durchaus vermeidbare Tätigkeiten – mitzutragen bereit ist, soll ausgerechnet den genetisch bedingten Behinderungen ihre Solidarität verweigern? Solch eine unmenschliche Einstellung wird erst dann an Boden gewinnen, wenn man sie lange genug der Gesellschaft einredet. Die Wissenschaft wird sich diesem Chor von Bedenkenträgern jedenfalls nicht anschließen. Sie wird nicht nachlassen, auch an dieser Stelle auf die Gleichheit der Individuen in unserer freiheitlich-demokratischen Grundordnung sowie auf die Achtung vor dem Kranken zu pochen. Nur die Toleranz, die aus diesem Respekt heraus erwächst, kann am Ende zum sinnvollen Einsatz und zur Akzeptanz dieser Techniken führen.

IV. MITEINANDER/ GEGENEINANDER – ÜBERGÄNGE UND UMBRÜCHE

Masao Abe
Menschenrechte im Buddhismus

Die buddhistische Auffassung der »Menschenrechte« ist grundverschieden von derjenigen der westlichen Tradition. Genauer gesagt, gibt es in der Literatur des Buddhismus kein Äquivalent für den Terminus »Menschenrechte« im Sinne des Westens. Dem westlichen Begriff der »Menschenrechte« ist die Auffassung immanent, daß »Rechte« einzig dem Menschen zustehen. Die nicht-menschlichen Kreaturen sind davon ausgeschlossen bzw. sie werden als peripher und sekundär betrachtet. D. h. die »Menschenrechte« werden nicht vom nicht-menschlichen bzw. einem über das Menschliche hinausgehenden Standpunkt aus definiert, sondern ausschließlich vom menschlichen Standpunkt aus, was einer anthropozentrischen Sicht der Menschenrechte gleichkommt.

In klarem Gegensatz dazu wird im Buddhismus das menschliche Sein nicht ausschließlich vom menschlichen Standpunkt her, d. h. auf einer anthropologischen Grundlage, definiert, sondern auf einer breiteren trans-homo-zentrischen und kosmologischen Basis. Oder anders ausgedrückt: Im Buddhismus wird der Mensch als Teil der Gesamtheit des sensiblen Seienden aufgefaßt bzw. als Teil alles sensiblen und nicht-sensiblen Seienden, da das menschliche wie das außer-menschlich Seiende gleichermaßen dem Ephemeren wie dem Nicht-Dauerhaften unterworfen ist. (Daß nichts dauerhaft bzw. ewig ist, ist ein Grundprinzip des Buddhismus.) Ohne dieses universelle Prinzip der Nicht-Ewigkeit, das sowohl dem menschlichen wie dem Außermenschlich-Seienden eigen ist, kann das der menschlichen Existenz eigene Problem des Todes nicht zufriedenstellend gelöst werden. Sowohl die buddhistische Auffassung vom menschlichen Leiden wie diejenige vom Weg der Erlösung haben ihre Wurzel in dieser trans-anthropozentrischen, kosmologischen Dimension. Sie befindet sich damit in scharfem Gegensatz zum jüdischen Glauben, zum Christentum und zum Islam, wo die Auffassung vom menschlichen Leiden und seiner Erlösung primär in der persönlichen Beziehung zwischen dem Menschen und Gott verankert ist, die Martin Buber völlig zu Recht in den Begriffen der »Ich-Du-Beziehung« analysiert hat.

Die Tatsache, daß die buddhistische Auffassung des menschlichen Leidens und seiner Erlösung auf einer trans-anthropologisch-kosmologischen Sicht der Dinge beruht, bedeutet nicht, daß der Buddhismus vor der besonderen Bedeutung des Menschen in der Welt die Augen verschließt. Im Gegenteil: Aus der folgenden Strophe, die von den Buddhisten in der Regel als Präambel zur Gatha »Die dreifache Zuflucht« rezitiert wird, geht klar hervor, daß der Buddhismus der spezifischen Eigenart des Menschen im Universum durchaus Rechnung trägt:

»Schwer ist es, ins menschliche Leben hineingeboren zu sein.
Jetzt aber leben wir es.
Schwer ist es, die Lehren des Buddha zu hören.
Jetzt hören wir sie.
Bringen wir uns nicht in das Leben der Gegenwart ein,
So besteht keine Hoffnung mehr, das Meer der Geburt
und des Todes zu überqueren.
Flüchten wir uns also alle zusammen mit dem wahresten Herzen
in die drei Schatzkammern!«

Ich habe diese Strophe folgendermaßen kommentiert: »Die erste und zweite Zeile drücken die Freude darüber aus, als Teil der unendlichen Serie verschiedener Wandlungen in menschlicher Gestalt geboren zu sein. Die dritte und die vierte Zeile offenbaren die Dankbarkeit, mit dem Umstand gesegnet worden zu sein, durch die Lehren Buddhas etwas zu finden, was dem Menschen nur äußerst selten widerfährt. Schließlich zeugen die fünfte und die sechste Zeile davon, daß, solange wir in dieser menschlichen Gestalt existieren, wir durch die Befolgung der Lehren Buddhas zu unserer eigenen Buddha-Natur erwachen müssen, weil wir sonst endlos weiter Samsara zu durchwandern hätten. Hieran wird klar, daß der

Buddhismus die menschliche Existenz unter ihrem einzigartigen positiven Aspekt durchaus ernsthaft in Betracht zieht.«

Als Religion befaßt sich der Buddhismus in erster Linie mit der Frage der Erlösung des Menschen. In diesem Punkt unterscheidet sich der Buddhismus nicht von den semitischen Religionen. Der Buddhismus und die semitischen Religionen sind insofern anthropozentrisch, als sie gleichermaßen mit dem Problem der menschlichen Erlösung konfrontiert sind. Der Unterschied liegt nur darin, daß, während für die semitischen Religionen das Fundament für die Erlösung des Menschen in der persönlichen Beziehung zwischen dem Menschen und Gott liegt, für den Buddhismus dieses Fundament die dem Menschen und der Natur gemeinsame trans-persönliche und kosmologische Dimension ist: das Dharma bzw. die So-heit von allem in der Welt. Vom Buddhismus wird das Problem des Menschen nicht nur vom menschlichen Standpunkt, also innerhalb des Reiches des Menschen, analysiert, sondern auch unter dem wesentlich weiter gefaßten trans-humanen und kosmologischen Aspekt – weitab der menschlichen Dimension. Einzig der Mensch ist aufgrund seiner Einsamkeit im Universum in der Lage, ein Selbstbewußtsein zu entwickeln, sein eigenes Reich zu überschreiten und die universelle kosmologische Dimension zu erlangen. Nur der Mensch kann bewußt trans-anthropozentrisch sein.

Deswegen kann im Buddhismus die Menschenrechtsfrage nur in dieser trans-anthropozentrischen, universellen Dimension begriffen werden. Der Buddhismus eliminiert und unterdrückt auch nicht die Rechte anderer Lebewesen wie z. B. der Pflanzen und der Tiere. Um die buddhistische Auffassung der Menschenrechte richtig zu verstehen, ist es daher unbedingt nötig, auf das Problem des »Selbst« zurückzuverweisen, da in den meisten Religionen – und insbesondere im Buddhismus – die Menschenrechte und die menschliche Freiheit nicht ohne ein angemessenes Verständnis des Problems des Selbst begriffen werden können und dürfen.

Das Selbst ist keine absolute, sondern eine relative Größe, d. h. es existiert im Verhältnis zum anderen in der Weise, daß, sofern vom Selbst die Rede ist, die Existenz des anderen bereits vorausgesetzt wird. Es gibt kein vom anderen unabhängiges Selbst. Das Selbst und der Andere sind gegenseitig voneinander völlig abhängig und aufeinander bezogen. Das Selbst ist keine unabhängige, allein existierende, dauerhafte und substantielle Größe. Nichtsdestoweniger wird es von uns nur allzuoft zu einer unabhängigen, dauerhaften und substantiellen Größe verdinglicht, weil uns Menschen eben das Selbstbewußtsein sowie die Disposition zur Selbstliebe eigen ist. Die Auf-sich-selbst-Bezogenheit ist nur das Ergebnis dieser Verdinglichung und Substantialisierung des Selbst.

Der Buddhismus lehrt, daß diese Verdinglichung des Selbst und die daraus hervorgehende Auf-sich-selbst-Bezogenheit die Wurzel und Quelle allen Übels und alles menschlichen Leidens ist. Folglich lehrt der Buddhismus als Weg zur Erlösung die Notwendigkeit, die Nichtsubstantialität des Selbst zu verwirklichen, d. h. des Nicht-Selbst: des Anatman.

Der buddhistische Begriff des Nicht-Selbst schließt jedoch die menschliche Selbstheit – im relativen Sinne verstanden – nicht aus. Niemand kann leugnen, daß wir unsere »Selbst-Identität« über unsere Kindheitserinnerungen und über unsere Kommunikation mit Freunden und anderen Mitmenschen verwirklichen. Ich bin Ich und nicht Du. Du bist Du und nicht Ich. Also gibt es eine klare Unterscheidung zwischen dem Selbst und dem Anderen und eine klare Verwirklichung der Selbstidentität bzw. der Selbstheit. Das diesbezügliche Problem besteht jedoch in der Unklarheit, ob diese Selbstidentität oder Selbstheit absolut fest, dauerhaft und substantiell ist. Die Antwort darauf kann nur nein sein; denn es existiert kein vom Du völlig getrenntes »Ich«, ebensowenig wie es kein vom »Ich« völlig getrenntes »Du« gibt. Sobald vom Ich die Rede ist, setzen wir bereits prinzipiell die Existenz des »Du« voraus, und umgekehrt. Folglich besitzen wir unsere Selbstidentität nur im relativen, nicht aber im absoluten Sinne. Ich bin Ich im relativen Sinn, ich bin es jedoch nicht im absoluten Sinne. Das Konzept der absoluten bzw. substantiellen Selbstidentität und der dauerhaften Selbstheit ist eine unwirkliche, vom menschlichen Selbstbewußtsein geschaffene begriffliche Konstruktion. Die Bezeichnung des Buddhismus dafür ist Maya: Illusion, ein Ausdruck, der die Bedeutung der Erkenntnis zum Nicht-Selbst durch die Überwindung dieses illusorischen Selbst-Verständnisses unterstreicht.

Sobald wir zu unserer eigenen Nicht-Selbstheit erwacht sind, erwachen wir auch zur Nicht-Selbstheit von allem und jedem im Universum. Mit anderen Worten: Wir erwachen zur Erkenntnis der Tatsache, daß – gleich unserem Selbst – infolge dieser relativen Selbstheit, absolut nichts im Universum über eine feste, substantielle Selbstheit verfügt. Gewiß, im relativen Maßstab verfügen wir über unsere eigene distinkte Selbstheit; aber im absoluten Maßstab gesehen, ist diese Selbstheit im festen und im substantiellen Sinne nicht vorhanden; es herrscht vielmehr Gleichheit und Solidarität bei der Verwirklichung des Nicht-Selbst. Folglich können wir, vom absoluten Standpunkt aus gesehen, behaupten, daß trotz dieses Ausbleibens einer absoluten Selbstheit das Ich nicht Ich ist und das Du nicht Du. Relativ gesehen sind wir voneinander verschieden, absolut gesehen aber sind wir gleich. Und durch eben diese Zurückhaltung unserer unterschiedlichen Identität kommt es zur Fusion mit dem Anderen.

Dasselbe ist wahr mit dem Selbst und mit der Natur, mit dem Selbst und mit Gott. Das Selbst und die Natur sind relativ voneinander verschieden, aber im absoluten Maßstab gesehen sind sie gleichwertig und gehen infolge der Nichtexistenz einer festen, substantiellen Selbstheit ineinander über. Folglich ist die Natur nicht nur eine Quelle für das menschliche Selbst; sie wird vielmehr als eine mit dem Selbst in einer sympathetischen Beziehung stehende Größe definiert. Schließlich und endlich sind – aus eben dieser relativen Sicht – das Selbst und das Göttliche – ganz gleich, ob wir es Gott, das Heilige, Brahman oder Nirwana nennen – wesensverschieden, aber absolut gesehen sind das Selbst und das Göttliche gleich, insofern als sie wechselseitig ineinander übergehen und sich gegenseitig durchdringen. Dies ist der Fall, weil das Göttliche hier als Gegensatz zur unabhängigen, dauerhaften und substantiellen Selbstheit begriffen wird.

Differenzen zwischen dem Buddhismus und den monotheistischen Religionen haben bedeutsame Auswirkungen v. a. hinsichtlich des großen Problems der religiösen Freiheit. In der jüdischen Religion, im Christentum und im Islam ist die Gottheit stets mit dem einen absoluten Gott identisch, der als Herr des Weltalls gemäß seinem eigenen freien Willen und seiner eigenen Überzeugung handelt und der wesensmäßig dem Menschen und der Natur gegenüber transzendent ist. Der selbst-affirmative Charakter des Gottes Jahwe wird besonders in dem Moment deutlich, wo Jahwes

»Selbst« Moses am Berg Sinai durch die Worte enthüllt wird: »Ich bin, der ich bin.« (Ex 24,12) Im hebräischen Original heißt dieser Satz: »Ehje ascher ehjeh«, d. h. »Ich werde sein der ich sein werde.« Später heißt es dann in den Zehn Geboten, die Jahwe Moses übergab: »Du sollst keine anderen Götter neben mir haben.« (Ex 20,3) In den semitischen Religionen fungiert dieses strenge monotheistische Gebot an allererster Stelle des Dekalogs. Ähnlich wie die semitischen Religionen verfügt der Buddhismus gleichfalls über Zehn Gebote, die fordern: »Du sollst nicht töten; Du sollst nicht stehlen; Du sollst nicht lügen; Du sollst nicht ehebrechen« usw. Gleichwohl gibt es unter den zehn Geboten des Buddhismus kein richtiges Äquivalent für das erste Gebot des Dekalogs, das da lautet: »Du sollst keine anderen Götter neben mir haben.« Das allererste der zehn Gebote des Buddhismus enthält die Forderung, »das Leben nicht zu zerstören«, und dieses Gebot betrifft nicht nur das menschliche Leben, sondern auch das Leben aller sinnlich begabten (Lebe-)Wesen.

In der jüdisch-christlichen Religion muß das Problem der Menschenrechte und der Menschenpflicht gegenüber anderen Völkern stets im Verhältnis zur exklusiven Allmacht des höchsten Gottes gesehen werden, wohingegen im Buddhismus dasselbe Problem im Verhältnis zu allen Lebewesen des Universums begriffen werden muß. Dieser Unterschied hat zur Folge, daß im Buddhismus der Konflikt zwischen Menschenrechten und Religionsfrieden viel weniger diskutiert wird als in den prophetischen Religionen. Er führt uns zu einer andersartigen Haltung gegenüber dem Problem der Umwelt, einer weiteren Streitfrage unserer Zeit. Unter dem Gebot »das Leben nicht zu zerstören« werden die Rechte von Tieren und Pflanzen ebenso berücksichtigt wie die der Menschen. Die Natur ist nicht nur den Menschen untergeordnet, sondern umgekehrt auch die Menschen der Natur.

Abschließend die Frage: Was soll der Buddhismus zur Frage der »Menschenrechte und religiösen Toleranz« beitragen? Ich schlage drei Wege buddhistischer Lösungen zu diesem Problem vor:

1. Die Beseitigung von Bindungen an Ideologien und Dogmen: Keine Religion existiert ohne Ideologie, aber die Haltungen ihr gegenüber sind ausschlaggebend. Wird eine Ideologie als maßgeblich und bindend für alle Gläubigen bezweckt, so wird sie zu einem

»Dogma«. Ein Dogma ist die festgelegte Form eines Glaubens, die innerhalb der Glaubensgemeinschaft seitens einer institutionalisierten Autorität als Vorschrift in Form von Glaubensbekenntnissen und Lehrmeinungen erstellt wird.

Das Dogma ist die festgelegte Form des Glaubens, so wie sie in Gestalt von Credos und Glaubensartikeln von den Autoritäten der religiösen Institutionen zur Befolgung durch ihre Anhänger formuliert wird. Im Christentum verkündet die Römisch-Katholische Kirche immer noch Dogmen, während die Protestantischen Kirchen »Konfessionen« verbreiten, in denen die Gläubigen mehr das bezeugen, was sie im Innersten ihres Wesens glauben, als sich einem von außen auferlegten Dogma zu unterwerfen, obwohl »Konfessionen« zuweilen ebenfalls »dogmatisch« interpretiert werden. Eine allzu starke Betonung des Dogmas führt oft genug zu Schismen innerhalb der Religion, und sie fordert den Widerstand der anderen Religionen heraus. Es entstehen Konflikte und sogar religiöse Kriege. Offenbarungsreligionen, die den exklusiven Glauben an die geoffenbarte Wahrheit besonders stark betonen, sind auch für die Intoleranz bekannt, die diese festgeschriebenen Glaubensformen hervorbringen.

Im Unterschied dazu besitzt der Buddhismus, der nicht auf der göttlichen Offenbarung, sondern auf der Selbsterkenntnis beruht, kein Dogma. Obwohl der Buddhismus verschiedene Glaubensformen aufweist wie z. B. die »Vier Edlen Wahrheiten«, den »achtgliedrigen Pfad« und die »zwölfgliedrige Kette der ursächlichen Begründung«, wird die Doktrin im Buddhismus nicht als etwas Wesentliches angesehen. Buddha selbst sagte: »Meine Lehre ist wie ein Floß, das den Lebens- und den Todesstrom überquert, um das andere Ufer der Erleuchtung zu erreichen.« Bedeutend für die Religion ist – vom buddhistischen Standpunkt aus – nicht die Doktrin – geschweige denn das Dogma –, sondern die jeweilige existentielle Bindung an die religiöse Wahrheit, die der Ausformulierung der Doktrin zugrunde liegt. Verzichten wir auf die Bindung ans Dogma und auf die Rückkehr zur religiösen Wahrheit als Quelle und Wurzel der Doktrin, dann können Schismen und Religionskriege vermieden und wir selbst nicht nur innerhalb der eigenen Religion, sondern auch und v. a. gegenüber anderen Religionen toleranter werden.

Irenäus Eibl-Eibesfeldt

Vielfalt – Basisstrategie des Lebens

Das Leben ist ein energetischer Prozeß, der über organismische Strukturen abläuft und positive Energiebilanzen erwirtschaftet. Organismen als Träger des Lebensstromes treten in großer Vielfalt auf. In mehreren Millionen Arten und Unterarten bevölkern sie als Tiere, Pflanzen, Einzeller und Mehrzeller gegenwärtig unsere Erde. Millionen und Abermillionen von Arten lebten vor ihnen und endeten als blinde Äste der Evolution mit ihrem Aussterben. Aber dank der Vielfalt wurden selbst bei kosmischen Katastrophen, die zu verschiedenen Zeiten unseren Planeten heimsuchten, nie alle Arten vernichtet. Dazu hatte sich das Leben in viel zu viele Nischen eingenistet: in den schlammigen Grund der Tiefsee ebenso wie auf die höchsten Berggipfel, in Regenwälder, eisige Meere der Arktis ebenso wie in Wüsten und Steppen, und zwar stets mit aus zahlreichen Arten und Unterarten zusammengesetzten Lebensgemeinschaften. Selbst so große Katastrophen, wie sie der Meteoreinschlag vor 65 Millionen Jahren im Gebiet von Yucatán verursachte, vernichteten das Leben nicht. Es starben damals zwar die Dinosaurier und eine Vielzahl anderer Tiergruppen aus, aber schnell erblühte das Leben zu neuer Vielfalt.

Vielfalt ist eine Strategie des Lebens zum Überleben. Sie hat sich an der Selektion bewährt. Jede bunte Wiese belegt ihr Wirken, und es entstehen immer neue Varianten quasi als Speerspitzen der Evolution. Das kann über Mutationen, Neukombinationen, aber auch durch individuelle Änderungen von Gewohnheiten geschehen. Wir wissen von manchen Singvögeln, daß sie ihren Gesang lernen. Dabei entstehen wahrscheinlich auch durch Kopierfehler und individuelle Variation Dialekte. Das Interessante ist nun, daß die Vögel, die einen Dialekt singen, einander auch bevorzugt als Geschlechtspartner wählen. So grenzen sich Populationen über Verhaltenseigentümlichkeiten ab und gehen eigene Wege der Entwicklung. Verhaltensweisen sind in solchem Falle Schrittmacher der Evolution. Auch wenn ein Vogel aus irgendeinem Grunde ein neues Biotop zum Brüten aufsucht, etwa eine freie Wiesenfläche statt des bisher von seinen Eltern und Artgenossen bevorzugten Gebüsches, ist dies der Fall. Und sollten die Nachkommen bei dieser neuen Präferenz bleiben, dann würde dies eine ganze Reihe von Folgen haben, denn auf der freien Wiesenfläche herrschen ganz andere Selektionsbedingungen als im Gebüsch.

Kulturelle Pseudospeziation

Beim heutigen Menschen bleibt nun die Evolution nicht stehen. Er mag sich zwar selbstherrlich als »Krone der Schöpfung« bezeichnen, aber wir sind Werdende mit guten Chancen oder, wie Konrad Lorenz es auszudrücken pflegte, »das missing link auf dem Weg zum wahrhaft humanen Menschen«. Und auf diesem Weg experimentieren wir. Wir tun dies zunächst auf der kulturellen Ebene, indem sich Gruppen teilen, über neue Bräuche, Ideologien und Dialekte voneinander abgrenzen und eigene Wege gehen. Der amerikanische Psychoanalytiker Erik Erikson beschrieb diesen Prozeß als »kulturelle Pseudospeziation« (d. h. Pseudo-Artenbildung). Kulturen experimentieren mit unterschiedlichen Praktiken der Alltagsbewältigung, mit unterschiedlichen Formen der politischen Führung und unterschiedlichen Zielsetzungen und werden so zu Wegbereitern der Evolution. Sie tragen damit über die Schaffung von Vielfalt zur Absicherung des Lebens auf der humanen Ebene sowie zur Weiterentwicklung bei. Kultur fungiert dabei als Schrittmacher.

Ethnische Vielfalt ist somit durchaus als positiv zu bewerten. Mit ihr entstanden allerdings auch die Mechanismen der territorialen und identitätsbewahrenden Abgrenzung, ohne die es keine Vielfalt gäbe. Und mit ihnen muß man ebenso rechnen wie mit der Tatsache, daß Ethnien als Solidargemeinschaften auftreten, die zunächst einmal ihr Eigeninteresse vertreten, das zugleich ihr Überlebensinteresse ist. Völker und Nationen konkurrieren um begrenzte Lebensgrundlagen, heute vor allem wirtschaftlich, und sie sind gerüstet und durchaus auch bereit, zu den Waffen zu greifen, wenn vitale Interessen gefährdet scheinen. Wie aber können die vielen miteinander konkurrierenden Ethnien dann friedlich koexistieren? Die Fähigkeit zur Allianz zwischen Gruppen wurde meist zu militärischen Zwecken genutzt. Gemeinsam erlebte Bedrohung, wie in der Zeit des Kalten Krieges, förderte solche Entwicklungen. Selbst Völker, die sich noch kurze Zeit zuvor heftig bekämpft hatten, schlossen sich in der westeuropäischen Gemeinschaft zusammen. Pessimisten sagen: Hätten wir doch Feinde aus dem All, wie schnell würden wir als Menschheit zusammenstehen! Ich meine allerdings, gemeinsame Aufgaben könnten das ebenfalls bewirken.

Man sagt im allgemeinen, Nationen hätten keine Freunde, sondern nur gemeinsame Interessen. Aus diesem Ist folgt nicht, daß es so bleiben muß. Nationen pflegen auch kollektive Gefühle und Meinungen über andere. Diese sind aus geschichtlicher Erfahrung selbst zwischen verbündeten Ländern von einem gewissen Mißtrauen belastet. Daher bemüht sich jede Nation, aus einer Position der Stärke zu agieren. Und jede legt insbesondere Wert darauf, vor anderen ihr Gesicht zu wahren. Wir setzen dabei bemerkenswerter Weise die im persönlichen Verkehr entwickelten Strategien sozialen Umgangs ein, was nicht wundert, denn es sind Personen, die Staaten vertreten, und sie sind von den archaischen und daher allen Menschen in prinzipgleicher Weise angeborenen Umgangsformen geprägt. Wenn Staaten sich beleidigt geben, dann verwenden sie die Strategie der Androhung eines Kontaktabbruches, so wie das schmollende Kinder in aller Welt praktizieren. Aus der Tatsache, daß wir unentwegt die für die Face-to-Face-Interaktion entwickelten Verhaltensmuster im internationalen Verkehr einsetzen, folgt, daß sich dies natürlich nicht nur auf den agonistischen Bereich beschränken muß, sondern ebenso Möglichkeiten prosozialen – freundlichen – Umgangs zwischen Staaten eröffnet. Staaten werden ja durch Menschen vertreten, die Freude, Leid und Ärger erleben so wie jeder andere und deren Handeln natürlich nicht nur von distanziert-sachlichen Erwägungen bestimmt wird.

Wie stark Gefühlsregungen die Beziehungen mitbestimmen, zeigte sich kürzlich beim Staatsbesuch, den Rußlands Präsident Boris Jelzin in Japan machte. Als Zeichen der Versöhnung und Entschuldigung übergab er dem japanischen Premierminister Morihiro Hosokawa eine Photographie von dessen mütterlichem

Onkel, der in einem sowjetischen Kriegsgefangenenlager gestorben war. Der japanische Premierminister war zu Tränen bewegt*.

Ein Volk kann ein anderes hassen, aber es kann auch für ein anderes Sympathien entwickeln. Bisher war oft beides der Fall. So wurde das Verhältnis der Deutschen zu den Franzosen lange Zeit als »Haßliebe« charakterisiert. Hochachtung vor den Kulturleistungen und Bezauberung durch den Charme und schließlich sicher auch das verbindende geschichtliche und kulturelle Erbe schufen eine emotionell positiv getönte Verbundenheit, die von beiden Seiten nur durch die geschichtliche Erfahrung gegenseitiger Bedrohung getrübt wurde.

In den vergangenen Jahrhunderten vertraten die Staaten Europas ihr Eigeninteresse auch durch Angriffskriege. Heute wissen wir, daß es Bruderkriege waren, und dieses Wissen müssen wir weitergeben, indem wir unsere Jugend durch Pflege persönlicher Kontakte miteinander bekannt machen und sie mit den kulturellen Leistungen des Nachbarn vertraut machen.

Samuel Huntington, der amerikanische Politikwissenschaftler an der Harvard-Universität, vertritt die Ansicht, daß sich die künftigen weltpolitischen Spannungen nicht mehr zwischen Staaten, sondern zwischen den größeren Zivilisationen entwickeln werden. Er spricht von den sich aufbauenden Spannungen zwischen dem vom Christentum bestimmten Europa und dem Islam, vom Zusammenprall der Moslems mit den Hindus in Indien, von den Grenzstreitigkeiten Chinas mit seinen Nachbarn und den zunehmenden handelswirtschaftlichen Spannungen zwischen Japan und den USA. Huntington weist darauf hin, daß der Westen derzeit international alle politischen Bündnisse und Sicherheitsgremien und – gemeinsam mit Japan – alle wirtschaftlichen Institutionen dominiere. Wie die nichtwestlichen Kulturen darauf antworten, bleibe offen.

Huntingtons Visionen sind schrecklich. Kriegerische Konflikte

* James Walsh, »The Territorial Imperative«, »Time Magazine« vom 25. 10. 1993, S. 37: »Confessing that he had been moved to tears by Yeltsin's personal gift, the Prime Minister described his guest's apologies to Japan as ›extremely important in building a foundation for the spiritual and psychological reconciliation of the two peoples‹.«

zwischen den großen Zivilisationen würden das gesamte Ökosystem der Erde in Mitleidenschaft ziehen und damit die weitere Existenz der Menschheit auf zivilisatorischer Ebene bedrohen. Zum Glück vertreten alle Zivilisationen der Erde heute auch hohe ethische Werte, gleich, ob es sich um die von Buddhisten, Moslems, Christen oder Hindus handelt. Es sind eher die fundamentalistischen Fraktionen unter ihnen, die ein Konfliktpotential darstellen. So bleibt die Hoffnung, daß die großen Zivilisationen als solche Wege der Zusammenarbeit finden. Religiöse Weltanschauungen sind zwar Marker der Identität, in Zeiten des Wohlstandes behindern sie aber nicht notwendigerweise ein friedliches Miteinander. Dasselbe gilt im Grunde für alle Zivilisationen. Eine Entwicklung zum partnerschaftlichen Umgang wird gegenwärtig jedoch durch Angst und Not gebremst, und die ist leider begründet, denn unser Planet ist übervölkert, und der Wettstreit geht um die begrenzt zur Verfügung stehenden Ressourcen dieser Erde.

Gemeinsame Anliegen wie etwa der Kampf gegen zunehmende Umweltzerstörung, Übervölkerung und Not könnten durchaus die Menschheit einen, ohne daß man deshalb auf ethnische Vielfalt verzichten müßte. Voraussetzung für eine friedliche Koexistenz ist allerdings, daß keine Ethnie repressive Dominanz durch andere befürchten muß. Dies setzt Verträge zur Achtung der territorialen Integrität und der ethnischen Identität voraus, die wiederum Selbstverwaltung zur Bedingung haben und im nachbarlichen Umgang auch gewisse Selbsteinschränkungen. Unter anderem sollten die Völker ihre Bevölkerungszahl auf die Tragekapazität des ihnen zur Verfügung stehenden Landes abstimmen, sonst kommt es früher oder später zur Übervölkerung und damit zu einem Auswanderungsdruck, der andere Ethnien in Bedrängnis bringt. Wir kommen darauf noch einmal zurück.

Unter Beachtung dieser Bedingungen können eingesessene und territorial verwurzelte Völker durchaus friedlich miteinander in einem Staatsverband zusammenleben. Die Schweiz ist ein gutes Beispiel für einen über gemeinsame Interessen bei gegenseitiger Respektierung gebundenen Mehrvölkerstaat. Mit dem wachsenden Vertrauen zwischen den westeuropäischen Staaten bahnt sich eine ähnliche Entwicklung für die Europäische Union an. Eine multiethnische Gesellschaft ist hier im Werden.

Sie ist allerdings nicht mit der multiethnischen Gesellschaft gleichzusetzen, die einigen Utopisten vorschwebt. Kommt nämlich der Aufbau von Minoritäten durch Immigration in einem bereits von einer Ethnie bewohnten Land zustande, dann ergibt das eine ganz andere Situation: Die Einwanderer nehmen mit ihrer Niederlassung auf Dauer die kostbarste Ressource in Anspruch, die einem Volk zur Verfügung steht, nämlich deren Land. Sie werden daher als Eindringlinge wahrgenommen, und das löst geradezu automatisch territoriale Abwehrreaktionen aus, und zwar dann, wenn die Gruppen sich voneinander abgrenzen, was kulturell einander Fernerstehende ja auch zu tun pflegen. Gestattet ein Volk anderen den Aufbau von Minoritäten im eigenen Lande, dann tritt es praktisch Land ab und belastet sich innerhalb der eigenen Grenzen mit zwischenethnischer Konkurrenz. In wirtschaftlich schwierigen Zeiten kommt es dann fast unvermeidlich zu Konflikten, unter denen die Schwächeren zu leiden haben, und das sind in der Regel die Minoritäten. Denn über eines dürfen wir uns nicht hinwegtäuschen: Jede Solidargemeinschaft wird in erster Linie ihre Eigeninteressen vertreten. Darauf sind wir nun einmal durch eine lange Stammesgeschichte programmiert. Jene, die diese Interessen nicht vertraten, gehören nicht zu unseren Vorfahren.

Wolfgang Fikentscher

Die Demokratie und die kulturellen Denkarten

Geschichtliches

Wenn man einmal von den Tewa-Pueblos, dem Irokesenbund und anderen der Ethnologie zuzuordnenden und z. T. noch wenig erforschten Ansätzen absieht, kann man sagen: Das Individuum (also die eigenverantwortliche, schuldfähige Persönlichkeit) verdankt seine Entstehung der tragischen Lebenshaltung aus der Zeit der griechischen Klassik und seine Würde und seinen Schutz auf Dauer dem Christentum. Ostern hat das Individuum von der Tragik befreit, in der die griechische Antike es hinterlassen hatte. Es hat aber 1500 Jahre gebraucht, bis man in größerem Umfang und mit breiter politischer Wirksamkeit darüber nachzudenken begann, wie sich die »Freiheit eines Christenmenschen« politisch fassen und »verfassen« läßt. Diese an sich erstaunliche Verzögerung kann in ihren Ursachen hier nicht aufgehellt werden. Vielleicht hat sie zwei wesentliche Gründe: Die Überlagerung des frühen Christentums durch die konstantinisch-eusebianische Theokratie und – nach der für die politische Fragestellung an sich notwendigen Wiederentdekkung der Antike – den vor allem durch Albertus Magnus und Thomas von Aquin unternommenen, aber letztlich gescheiterten Versuch, die überkommene konstantinisch-eusebianische Befindlichkeit des Christentums auch gegen den kritisch-individualistischen Geist der Antike fortzuschreiben. Auch Luther gelang die Umsetzung christlich begründeter Individualität und Denkfreiheit in politische Lebensform in keiner Weise. Niemand unter den großen Reformatoren, Luther, Zwingli, Calvin und auf katholischer Seite z. B. Loyola, Suarez und Vitoria verstand es, aus der »Freiheit eines Christenmenschen« eine Staatsform oder auch nur das Programm einer solchen zu gestalten – Wittenberg, Genf und Rom verharrten in Angst vor Athen. Es waren die weniger berühmt gewordenen Calvin-Kritiker in der Schweiz, in Frankreich und in den Niederlanden, denen dies gelang.

Das Ergebnis dieser Entwicklung ist die in diesem Buch beschriebene Demokratie. Sie wurde zum »Erfolgsschlager« unter den Staatsformen und veranlaßte die schnelle, rationalistische industrielle und wirtschaftliche Entwicklung »im Westen«. Im 20. Jahrhundert wurde sie zum verfassungspolitischen Selbstläufer. Allerdings vergaß man, wo diese Freiheit herkam. Säkularisiert führte sie zu politischen und vor allem wirtschaftlichen Mißbräuchen. Der Marxismus, politisch verwirklicht im früheren Ostblock (1917–1990), war ein Versuch, bestimmte dieser Mißbräuche zu steuern. Dieser Versuch wird heute in den meisten Ostblockländern als gescheitert betrachtet. Auch diese Länder wenden sich nun der »westlich-abendländischen Demokratie« zu. Opfer der genannten Mißbräuche wurde auch die Dritte Welt. Ihres Bundesgenossen, des Ostblocks, beraubt, versucht auch sie, Demokratie zu lernen. Die UNO rät ihr zu und versucht, ein demokratisches Vorbild zu geben, ist aber selbst kein gesetzgebender Staat.

Das Problem, das sich durch diese versuchsweise Übernahme der Demokratie durch Zweite und Dritte Welt stellt, ist, daß es dort an den geistesgeschichtlichen Voraussetzungen der Demokratie fehlt. Es hat den Anschein, daß die westliche Demokratie, deren Verbreitung gegenwärtig in vielen Teilen der Welt politisches Programm ist, von soziokulturellen Voraussetzungen abhängig ist und auch nur dort Leben gewinnen kann, wo diese Voraussetzungen wenigstens in Ansätzen vorhanden, insbesondere durch Akkulturation ermöglicht worden sind. Ob sich hier Auswege oder Lösungsmöglichkeiten zeigen, ist kurz zu betrachten. Eine Anthropologie der Demokratie kann hier nicht in Angriff genommen werden.

Die Tradition Rußlands

Russische Städte, die im Zuge der skandinavischen Erschließung des Wolga-Handelsweges nach Byzanz entstanden, wiesen wie andere europäische Städte Ansätze zu einer städte-demokratischen Verfassung auf. Die späteren Entwicklungen jedoch, die Slawisierung dieser skandinavischen Gründungen, die zeitweilige Beherrschung mancher Gebiete durch Steppenstämme, die erbrechtlich behinderte Herrschaftsordnung im Kiewer Rus, das zentralistische Regierungssystem der Zaren und seine Fortsetzung unter Lenin, Stalin und ihren Nachfolgern als »Demokratischer Zentralismus« ließen keine Weiterentwicklung demokratischer Ansätze zu. Rußland und ihm folgend die Sowjetunion wurden zum Inbegriff diktatorischer Regierung. Auch die russisch-orthodoxe Kirche baute und baut sich nicht von unten, von den Gemeinden her auf, sondern ist ein zusätzliches Instrument der Beeinflussung der Menschen von oben nach unten. Die russisch-orthodoxe Kirche war und ist, was ihre Vertikalität anbetrifft, nur eine Alternative zum Marxismus und darum keine Schule der Demokratie. Der allgemeine Vorwurf der russischen Orthodoxie gegen die römisch-katholische und die protestantischen Kirchen lautet, sie seien zu sehr verweltlicht, zu wenig auf das Heilige ausgerichtet. Dabei wird christliches Gemeindeleben mit Weltlichkeit verwechselt. Fränkischer Feudalismus, also das Verbundsystem von Basis und Organen, fehlt folglich. Obwohl Rußland am Anfang seiner Entwicklung und zu manchen Zeiten seiner langen Geschichte an der westlich-abendländischen Kultur teilnahm, kann man nicht sagen, daß es sie mitträgt. Ob es sie in Zukunft mittragen will, ist offen.

Wenn man unter diesen kulturellen Bedingungen die Demokratie als Regierungsform einführen will, darf man nicht von idealistischen Zielen, sondern muß nüchtern von den vorhandenen Daten ausgehen. Diese bestehen aus einer Vierergruppierung von auseinanderlaufenden politischen Interessen: Es gibt heute auf dem Boden der früheren Sowjetunion (1) die westlichen Demokraten, (2) die (heute wohl überwiegend rechtsstaatlich gesonnenen) russischen Traditionalisten, (3) die sich auf die sozialistische Tradition ihres Landes nach 1917 berufenden Marxisten und (4) fundamentalistische Radikale verschiedener Provenienz, von den in Rußland ebenfalls traditionsreichen Anarchisten bis zu den fortschrittlichen Muslimen im Süden des Landes.

Eine reine *Konsens*demokratie ist, schon von der Größe des Landes her, kaum denkbar. Die Marxisten sollten weiterhin das Konsensideal pflegen, denn ohne von oben gelenkte Einheitspartei sind konsenssuchende Sowjets (= Räte) so harmlos wie konsensgeordnete Stammesgesellschaften. Anders ausgedrückt: Der Marxismus ist nicht gefährlich, wenn er sich des Terrors nicht bedienen kann. Marxismus, auch als Methode, ist nur mit gewaltsam durchgesetzten verordneten Werten praktikabel. Es gibt immer Leute, die Fragen stellen. Sie daran zu hindern, kann nur durch Angst vor Terror geschehen.

Die *korporative* Demokratie entbehrt in Rußland nahezu jeder Tradition. Darauf beruhen die gegenwärtigen Schwierigkeiten. Man könnte die korporative Demokratie lehren. Das wird, wenn überhaupt in Angriff genommen, Zeit kosten. U.a. wird man nicht nur mit dem Widerspruch der Altkommunisten, sondern auch mit dem der Kirche rechnen müssen.

Zu überlegen wäre daher ein zeitweiser Rückgriff auf die *duale* Demokratie. Man könnte den russischen »westlichen Demokraten« nahelegen, sich mit den Radikalen zusammenzutun, und den russischen Traditionalisten, sich den sozialistischen Traditionalisten zuzuwenden. Damit ein Beschluß zustande kommt, müssen sich danach die westlichen Demokraten/Radikalen mit den Traditionalisten einigen. Oder man läßt die westlichen Demokraten/Radikalen mit den Traditionalisten – jeweils auf den verschiedenen Ebenen von Regierung und Kommunen – zeitlich alternieren. Das klingt ungewohnt und konstruiert, aber nachdenken sollte man darüber. Auf der Grundlage der zunächst schwerfälligen – aber hochlegitimen – dualen Demokratie ließen sich dann Elemente der korporativen Demokratie Stück um Stück einführen, wenn eine höhere Effizienz angestrebt wird. Die Kirche sollte man bei alledem aus der Betrachtung ausklammern (anders als im Westen, der die *repräsentative* Demokratie der presbyterianischen Kirchenverfassung abgeschaut hat) und darauf warten, daß die Bürger Gemeinden wollen.

Islamische Demokratie?

Islamische Demokratie erscheint aus mehreren Gründen unmöglich: Es fehlt wegen Allahs alleiniger Herrschaft über das Schicksal der Menschen an der Möglichkeit risikomildernder und -verlagernder Treuebeziehungen zwischen den Mitgliedern einer Korporation einerseits und zwischen diesen Mitgliedern und beauftragten, rechenschaftspflichtigen Organen andererseits. Wahlen als Mittel zur risikomindernden Lösung von Problemen sind ein Verstoß gegen den Glaubenssatz, daß Glück und Leid dem Menschen von Gott zugeordnet und in eben dieser Weise anzunehmen und zu tragen sind. Weiterhin fehlt es wegen der »Schließung des Tores der Erkenntnis« etwa um das Jahr 330 n. d. Hedschra (etwa 950 n. Chr.) an erkenntnisgerichteter Tätigkeit von Parlamenten und anderen Gremien. Schließlich fehlt es wegen der nach herrschender islamischer Auffassung ständigen Neukonstituierung der Welt durch Allah am Begriff der Zeit (als durchlaufende Linie), so daß Amtsdauern, Wahlen zum Parlament in festgelegten Zeitabständen und dgl. unbegründbar sind.

Diese mangelnde Eignung des Islam als Religion zur Schaffung sozio-kultureller Grundbedingungen für die Demokratie wird von den islamischen Fundamentalisten und ihren Gegnern, den säkularen »sozialistischen« Regimen auf islamischem Boden, gleichermaßen ausgenützt, zum Schaden des Islam selbst.

Es fehlt also viel. Gleichwohl können Wege zu einer islamischen Demokratie erwogen werden. Die Einführung einer – gottgestifteten – »Zeit zu freier Verwendung« wäre das Wichtigste. Eine Lockerung des Verbots von Risikobewältigung könnte folgen. Dann wäre der Weg zur Korporationsbildung wenigstens teilweise frei.

Demokratien in buddhistischen Kulturen

Zwischen Hinayana und Mahayana ist zu unterscheiden. Im Hinayana-Buddhismus (»kleines Fahrzeug«) als der strenggläubigeren Richtung (Thailand, Sri Lanka, Myanmar-Burma) stößt die Demokratie auf die Schwierigkeit, daß zur Erlösung des Menschen die Überwindung aller Bindungen an diese Welt gehört. Die Demokratie setzt nun einmal ein gewisses »Ja« zu dieser Welt und zu den Mitmenschen voraus. Dagegen sind rechtsstaatliche Verhältnisse möglich, wenn und soweit die Staatsspitze dies will. Thailand ist auf diesem Weg ein Stück weit gegangen. Myanmar-

Burma und Sri Lanka lassen dagegen wenig Demokratisches oder Rechtsstaatliches erkennen.

Der Mahayana-Buddhismus (»großes Fahrzeug«), der u. a. in Vietnam, Korea, Japan und zum Teil in China beheimatet ist, weist demgegenüber zwei Besonderheiten auf, die beide, je für sich genommen, in Richtung auf die Demokratie ausbaufähig sind. Im Mahayana haben animistische Denkweisen der vorbuddhistischen Zeit wieder Fuß gefaßt. Soweit im Animismus demokratische Beschlußfassung angewandt wird (Konsensdemokratie, duale Demokratie), wäre sie auch im Mahayana möglich. Weiter sind seit etwa dem 1. Jahrhundert n. Chr. Erlösungsvorstellungen in das Mahayana eingeflossen. Bodisattwas (japanisch: Bosatsu) kümmern sich um die Menschen, was in menschlicher Sorge um Mitmenschen widergespiegelt werden kann. Dies ist der Boden für die vorhandenen Ansätze einer Demokratie in manchen ostasiatischen Ländern (Japan, Republik Korea).

Der Konfuzianismus ist die verbreitetste Denkart in China, oft verbunden mit dem Mahayana-Buddhismus. Von allen ost- und südasiatischen Denkarten ist der Konfuzianismus die verhältnismäßig weltzugewandteste. Die fünf Ordnungsgefüge, in denen nach der Lehre des Konfuzius der Mensch steht, sind die Verhältnisse zwischen Vater und Sohn, Mann und Frau, Kaiser und Volk, älterem und jüngerem Bruder und älterem und jüngerem Freund. Die Vertikalität dieser diesseitigen Ordnungs- und Bindungsvorstellungen ist deutlich und kaum demokratiegeeignet. Zwei Ansätze zu demokratischer Denkweise bieten sich: der Ausbau der Freund-Freund-Beziehung, die auch horizontal gedacht werden kann, und die Einfügung von Erlösungs- und Fürsorge-Vorstellungen nach Art der zweiten Mahayana-Variante.

Ähnlich wie der Hinayana-Buddhismus eignen sich aber sowohl Mahayana-Buddhismus wie Konfuzianismus für den Ausbau des Rechtsstaats. Die Verselbständigung des Menschen nach buddhistischer Vorstellung kommt namentlich der Einführung eines Grundrechtsverständnisses entgegen. Japan und die Republik China (Taiwan) haben diesen Weg nicht ohne praktische politische Erfolge beschritten und wollen ihn weitergehen. In der Volksrepublik China behindert allerdings die Vertikalität des Sozialismus eine Entwicklung in Richtung auf Grundrechte. Der aus

Gründen der Wirtschaftsöffnung nach dem Westen verstärkt eingeführte Immaterialgüterschutz für Patente, Urheberrecht, Warenzeichen usw. könnte hier (wie auch anderweitig) u. U. eine Katalysatorfunktion übernehmen.

Demokratie im Hinduismus

Indien ist eine große demokratische Nation, die – angeleitet durch Großbritannien – nach ihrer Unabhängigkeit von britischer Kolonialmacht auf dem Gebiet der Demokratie Erstaunliches geleistet hat. Dabei ist Indien besonders durch religiöse und ethnische Diversität und mit wirtschaftlichen und rechtlichen Problemen belastet. Der Hinduismus, die letzte große indo-europäische Götterhimmel-Religion, kommt – trotz früh vorhandener (Bhagavadgita) und dann später wieder aus buddhistischer Zeit (650–900 n. Chr.) übernommener Weltabwendungshaltung – offenbar der Demokratie durch seine familiären Egalitätstraditionen entgegen. Auch hat der Hinduismus wegen der Strukturiertheit vieler seiner religiöser Vorstellungen weniger Schwierigkeiten mit dem Konzept der aus mehreren Teilen bestehenden Einheit als der Islam, die beiden Hauptrichtungen des Buddhismus, der Konfuzianismus und die Stammes-Denkarten. Die für Indien verbleibenden noch zu lösenden Demokratie-Fragen sind keinesfalls unbedeutend. Sie scheinen hauptsächlich auf dem hinduistischer Gnosis entsprechenden Kastenwesen und auf der Weltabwendung zu beruhen, zu der vedisch-brahmanischer und buddhistischer Einfluß den Hinduismus ausformte. Auch hier würden mahayana-buddhistische Überzeugungen von einer wenigstens vorläufigen Treuebindung von Menschen an die Menschen und Dinge dieser Welt eine Hilfe sein.

Stammesdemokratien

Die Dinge liegen hier anders, weil dort, wo es noch Stammes-Kulturen gibt (wie z. B. in Afrika, Südostasien, bei den Indianern und Eskimos, im Pazifik), in der Regel kein Wunsch vorhanden ist, sich der westlich-demokratischen Regierungsform anzuschließen. Oft wird es sich bei diesen Stammeskulturen um kulturelle Enklaven handeln. Vielmehr ist es häufig umgekehrt: Die eine kulturelle Enklave umgebende Hauptkultur möchte dem Stamm die westliche Demokratie oder eine ihrer Spielarten aufzwingen. Doch gibt es, wie schon erwähnt, in Stammeskulturen nicht nur diktatorische (monarchische oder oligarchische), sondern auch demokratische Regierungsweisen. Die beiden erwähnten Typen sind die Konsensdemokratien und die dualen Demokratien. Man sollte sie nicht vergessen, sie nicht mit *korporativer* Demokratie zu überfremden suchen und sich *dieser* traditionellen Formen der Demokratie bedienen, wo die korporative Demokratie auf kulturelle, soziale oder traditionsmäßige Hindernisse stößt, man aber gleichwohl die Demokratie einführen möchte. Diese Mahnung ist an die großen Demokratien gerichtet, die Stammeskulturen in kulturellen Enklaven dulden und für sie Verantwortung übernommen haben (USA, Kanada, Australien, einige lateinamerikanische Staaten u. a.).

Jörg Friedrich
Kein Recht auf Widerstand

Das Instrumentar, das der Wehrmacht dazu diente, die zivile Unfolgsamkeit zu brechen, ist ebenfalls Anklagepunkt in Nürnberg gewesen. Allerdings bot die Haager Landkriegsordnung dazu die ungünstigste Handhabe. Personen waren für nichtige Delikte und auf vagen Verdacht hin bestraft, die Rechtswege abgeschafft, Soldaten zur Willkür verleitet worden. Die Partisanen hatten grausamste Vergeltung erfahren. Im Bereich des Zivilschutzes aber schwieg sich das Kriegsrecht in seiner damaligen Gestalt beredt aus. Es sicherte dem Besatzer einen generösen Handlungsrahmen. Ein in Uniform des Kommissars auftretender NKWD-Funktionär genoß allen Schutz der Konventionen. Ein Jude, der, dem Massenmord entfliehend, sich den Partisanen im Walde anschloß, blieb Freiwild.

Weil der Mangel am geschriebenen Kriegsrecht von der Wehrmacht in einer nach herkömmlicher Übung skandalösen Weise genutzt worden war, rekurrierte die Nürnberger Anklage auf die in der Haager Präambel genannte Generalklausel der »Menschlichkeit«. Daraus leitete man hilfsweise den Tatbestand des ›Verbrechens gegen die Menschlichkeit‹ her. Gleichgültig ob man ihn als Rekurs auf die ›Martenssche Klausel‹ oder den ›allgemeinen Zivilisationsbrauch‹ auslegt, es bleibt eine undefinierte Lücke. Dem Zivil fehlt ein anerkanntes Widerstandsrecht gegen den Aggressor. Daraus resultiert in der Nürnberger Judikatur eine absurde Rechtslage: Die Aggression zählt als Verbrechen, gleichwohl ist bürgerlicher Widerstand gegen den Aggressor verboten. Die Deutschen, die den Ungehorsam gegen ihre kriminelle Okkupation drakonisch geahndet hatten, handelten demzufolge ganz legal. Illegal war allenfalls die unmenschliche Bestrafung auf lockeren Verdacht. Doch je tapferer ein Partisan die Verbrechensinvasion bekämpft hatte, desto klarer setzte er sich ins Unrecht. Dies rührt aus der überlieferten Verklammerung von Jus in bello und Jus ad bellum.

Das Recht im Kriege besteht unter der Voraussetzung des

Rechts zum Krieg. Wird der angreifenden Partei das Kriegsführungsrecht aberkannt, wäre der Verteidiger seiner Rechtsverpflichtungen entbunden. Gegen den ungerechten Aggressor sind alle Mittel recht. Wenn beide Parteien einander zum Aggressor erklären, ist das Kriegsrecht abgeschafft. In Anbetracht dieser unsterblichen Logik haben die aufgeklärten Denker Kriegsrecht und Kriegsführungsrecht aneinander geknüpft. Wer den Krieg mildern möchte, muß ihn uneingeschränkt anerkennen. Mit der Ächtung des Aggressors trat sogleich die mittelalterliche Antinomie des gerechten Kriegers zutage. Dem Heiden und Barbaren mag er heimzahlen, je grausiger, desto besser. So harsch wollten die Nürnberger Richter dem Belligerenten Hitler aber nicht mitspielen lassen; wohl aus Sorge, das Jus in bello ganz in den Wind zu schreiben. Das eiserne Axiom der alten Gelehrten – Recht im Krieg verlangt Recht zum Krieg – wirft man jedoch nicht ungestraft über Bord. Weil die Nürnberger Justiz sich gleicherweise auf klassisches Kriegsrecht wie auf moderne Kriegsächtung berief, mußte sie einen krassen Widersinn dulden, der das europäische Résistance-Publikum tief erboste. Allenfalls Richter begreifen es als rechtens, den Angreifer zu kriminalisieren und den Angegriffenen die Notwehr zu beschneiden. Auch die Nach-Nürnberger Genfer Zivilschutzkonvention von 1949 hat dem Okkupanten, einschließlich dem Aggressor, zwar vieles verboten, doch dem Überfallenen keinen Aufstand erlaubt. Ein solcher Artikel wäre im Kriege nicht durchsetzbar. Welcher Behelf eintritt, wenn der Aggressor alle Verbote bricht, ist erst den Genfer Zusatzprotokollen von 1977 zu entnehmen. In der Praxis helfen sie keinem und hindern sie keinen. Das Militär terrorisiert weiterhin Wehrlose, läßt sich aber nicht terrorisieren. Selbst wenn dies dem Verteidiger nutzt, wird kein Recht daraus. Der Rebell ist Überzeugungstäter und soll sein Risiko alleine tragen. Halb resigniert und halb erbittert hat die US-Anklage die Lage glossiert, in welche das modernisierte Völkerrecht den aufsässigen Zivilisten entließ:

»Auch wenn von diesem Gericht nicht erwartet wird, in dieser Angelegenheit eine Entscheidung zu fällen, ist es dennoch die aufrichtige Meinung der Anklagebehörde, daß ein Standpunkt, der besagt, daß ein Volk unter einer Besatzung hilflos zusehen muß, – wie Mitmenschen millionenweise als Juden, Kommunisten,

Kommissare oder ›verdächtige Personen‹ niedergeschossen werden,

- wie sie von ihren Familien und Heimen als Sklavenarbeiter nach Deutschland gesandt werden, um unter furchtbaren Verhältnissen zu arbeiten,
- wie ihre Lebensmittel beschlagnahmt werden, um die Deutschen zu ernähren, während sie selbst verhungern müssen,
- wie sie unter dem kleinsten Vorwand geschlagen und mißhandelt werden,
- wie ihre Soldaten erschossen oder gefangengenommen werden, entwürdigt werden, hinter Stacheldraht zu Millionen verhungern oder zu Tode erfrieren: daß man sich solch einer Behandlung unterwerfen muß, ohne den Schutz des Völkerrechts für sich in Anspruch nehmen zu können in einem Fall von Selbsthilfe und Widerstand mit allen möglichen Mitteln – dieser Grundsatz ist unserer Meinung nach eine himmelschreiende Ungeheuerlichkeit, die jeden Scheins von Gerechtigkeit und Humanität entbehrt. Wie kann man von einem Rotarmisten verlangen, daß er sich den Deutschen ergibt, wenn er genau weiß, daß er zweifelsohne in einem Kriegsgefangenenlager sterben wird? Ist er ein Verbrecher, auch wenn wir annehmen, daß er seine Uniform wegwirft und bei den Partisanen kämpft? Sind Partisanen Verbrecher, die außerhalb des Schutzes gestellt sind, die das Gesetz gewährt, wenn sie Partisanen wurden, nur um sich selbst und ihre Mitmenschen vor Verbrechen zu schützen, die von den deutschen Truppen begangen wurden? Es besteht absolut kein Zweifel, daß die Partisanenbewegung hauptsächlich durch die verbrecherischen Taten der Deutschen selbst entstand. Soll traditionelles Recht zur Selbstverteidigung denn unter internationalem Recht völlig außer acht gelassen werden?«

Die Selbstverteidigung ziemte nach altem Rechtsbrauch den Armeen. Das Monopol hatte guten Grund. Die Streitkräfte waren laut Konvention auch die einzig Angegriffenen. Demzufolge soll sich das Zivil nicht einmischen. Es verteidigt sich nicht, es wird verteidigt. Das Konzept des totalen Kriegs wirft diese Ordnung durcheinander.

Alles Kriegsrecht beruhte auf der Unterscheidung von Kombattant und Nichtkombattant. Die Kombattanten verpflichten sich zur wechselseitigen Bekämpfung nach fixen Regeln. Der Vorteil liegt in der relativen Schonung des Truppeninstruments. Nachdem der industrialisierte Krieg 1914 bis 1918 die Truppen der allmählichen Ausrottung zugeführt hatte, war ein Ausweg vonnöten. Die Maschinentötung auf dem Gefechtsfeld ließ sich nicht zurückdrehen. Der Krieg kann keine Insel bilden; wenn alles in Massenproduktion übergeht, dann auch der Schlachtentod. Die Schlußfolgerung des totalen Kriegs war simpel. Er strömt in die am schwächsten verteidigten Sektoren, die zivilen, die geringen Widerstand bieten und besonders schmerzempfindlich reagieren. So fallen rasche Entscheidungen und fließt das wenigste Blut.

Die Westfeldzüge der deutschen Wehrmacht waren noch durch klassische Vernichtung der gegnerischen Heere siegreich. Die Mobilität, der sie sich verdankten, riß allerdings riesige Territorien in den Konflikt – als Flanken, als Puffer, als Basen. Darunter die schwach verteidigten Neutralen, die Zivilisten der Staatenwelt. Just die zupackende Initiative, die der Wehrmacht Land für Land eintrug, sammelte bei dem Hauptgegner, England, einen für Hitler ganz irrationalen Widerstandsgeist. Das Terrorbombardement, der ›Blitz‹ vom August/September 1940 über den Inseln, brachte, bei all seiner Unvollkommenheit, eine unerwartete Leidensfähigkeit des Zivils an den Tag. Dies hat der Fortgang des Kriegs an allen Fronten bewiesen. Das Zivil ist kein einfacher Gegner. Eine Armee ist ein faßliches und umgrenztes Ziel. Die Bevölkerung, und gar die eines Kontinents, ist eine See, die Streitkräfte auf ihre Weise verschlingt. Durch tückische Wetterwendigkeit, durch die unüberschaubare Fläche, durch den Genius loci. Alle Schlupfwinkel der Natur arbeiten gegen den Eindringling. Seine Versorgungslinien werden abgeschnitten, seine Mannschaft zermürbt, ausgehungert, den Elementen vorgeworfen. Im Grunde muß man eine Bevölkerung auf einen Schlag ausrotten, um sie zuverlässig zu besiegen. Nicht zufällig ist die Generalität mit dieser Erfahrung aus dem Weltkrieg heimgekehrt.

Die Deutschen, die sich, um eine Entscheidung zu erzwingen, auf einen Umweg in utopische Weite gestürzt hatten, begegneten ihrem Schicksal in Rußland. Das ganze Land auszurotten, fehlten ihnen die Mittel. Sie phantasierten zeitweilig davon, waren aber archaische Krieger der Moderne. Sie rotteten aus, aber nur die, derer sie mit ihren kargen Mitteln habhaft werden konnten. Das Los der Juden würde in der ganzen Feste Europas seine Wirkung nicht verfehlen. Ein zweites großflächiges Terrorprojekt, die Versklavung der Feindvölker in der Wehrwirtschaft, kostete das Reich bereits herbe Rückschläge. Zivile Renitenz und Freischärlertum schwollen in unbezähmbarem Ausmaß. Das Heer plünderte und verwüstete in systematischen Schritten, zerstörte sich damit aber jegliche Basis im Land. Schließlich verkam über eine Million deutscher Kriegsgefangener in sowjetischem Gewahrsam, weil der ruinierte Ackerbau auch diese nicht mehr sättigen konnte. Insgesamt lud der Aggressor eine unerhörte Wut auf sein Haupt.

Mit der Ausdehnung des Kampfs auf den Nicht-Kombattanten erledigten sich die Regeln des gewöhnlichen Duellkriegs. Die totalen Krieger können das Volk nicht erbarmungslos quälen ohne eine Replik. Die Nürnberger Anklage hat das treffend formuliert. Gerechtfertigter Feind, Justus hostis, ist eine Armee nur im Hinblick auf eine andere, ihren verabredeten Duellanten. Macht sie sich über das Zivil her, wird ihr das Kainsmal des teuflischen Verbrechers aufgeprägt. Der ›Verbrecher Keitel‹ ist insoweit die natürliche Gestalt der Unterlegenen im totalen Krieg. Feldmarschälle sind sie nach dem Kapitulationsakt die längste Zeit gewesen. Es besteht gar kein Zweifel, daß es bei umgekehrtem Ausgang zum Verbrecher Churchill, Harris, Schukow usw. gekommen wäre. Keitel hatte am 21. Januar 1945 eine »laufend fortzunumerierende Liste« in Auftrag gegeben. »Feindliche Führer, die aufgrund erbeuteter schriftlicher oder unter Zeugenaussagen erhärteter mündlicher Befehle ihre Untergebenen zur Begehung von Kriegsverbrechen angewiesen haben, sind in dieser Liste aufzuführen.«

Eine Ächtung des Gegners hatten die Religionskriege und Revolutionskriege bereits an sich, die als Ahnen des totalen Kriegs im Zivil tobten. Der Ritterkrieg, der absolutistische Kabinettskrieg und der Nationalkrieg des 19. Jahrhunderts hingegen waren Regelveranstaltungen. Der gerechte Krieg ist im 20. Jahrhundert wiedergekehrt, und Nürnberg war sein Tribunal.

Hans Küng

Die problematischen Ergebnisse der lutherischen Reformation

Die lutherische Bewegung hatte eine große Dynamik entfaltet und sich nicht nur in Deutschland, sondern darüber hinaus auch in Livland, Schweden, Finnland, Dänemark und Norwegen mächtig ausbreiten können. Parallel zu den Ereignissen in Deutschland war in der Schweiz, die sich schon seit der Mitte des 15. Jahrhunderts vom Reich zu lösen begonnen hatte, durch Ulrich Zwingli und später Johann Calvin eine eigenständige, radikalere Form der Reformation begründet worden, die mit ihrem Kirchenverständnis mehr als das Luthertum in der alten und neuen Welt Geschichte machen sollte. Luther selber war es in den 20er und 30er Jahren immerhin gelungen, die reformatorische Bewegung in Deutschland innerlich zu festigen.

Und doch: Deutschland hatte sich *in zwei konfessionelle Lager gespalten*. Und angesichts der Bedrohung des Reichs durch die Türken, die 1526 die Ungarn bei Mohács besiegt hatten und 1529 bis vor Wien vorgerückt waren, hatte sich auch Luther die Frage gestellt, ob für die Christenheit die päpstliche oder die islamische Macht gefährlicher sei; in beiden sah er Werk- und Gesetzesreligionen. Selbst die Zukunft der reformatorischen Kirche sah Luther am Ende seines Lebens längst nicht mehr so rosig wie im Jahr des großen Durchbruchs. Ja, in den letzten Jahren seines Lebens, wiewohl er bis zu seinem Ende unermüdlich tätig war, machten sich bei Luther, zusammen mit apokalyptischen Endzeit-Ängsten und Krankheiten, zunehmend Verdüsterung, Schwermut, manische Depressionen und geistliche Anfechtungen breit. Und dieser wachsende Pessimismus gegenüber Welt und Menschen hatte nicht nur psychologische und medizinische, sondern auch sachliche Gründe. Große Enttäuschungen blieben ihm nicht erspart:

Zum einen: Die ursprüngliche *reformatorische Begeisterung* war bald *verpufft*. Das Gemeindeleben lag vielfach darnieder; viele, die für die »Freiheit eines Christenmenschen« nicht reif waren, verloren mit dem Zusammenbruch des römischen Systems auch allen kirchlichen Halt. Und selbst im lutherischen Lager fragten sich manche, ob denn nun eigentlich durch die Reformation die Menschen soviel besser geworden seien. Auch eine Verarmung in der Kunst – die Musik ausgenommen – ließ sich nicht übersehen.

Zum anderen: Die Reformation stieß auf *wachsenden politischen Widerstand*. Nach dem ergebnislosen Augsburger Reichstag von 1530 (der Kaiser hatte das vor allem von Melanchthon ausgearbeitete und versöhnliche »Augsburger Bekenntnis« abgelehnt) vermochte die Reformation in den 30er Jahren sich zunächst nicht nur in den bisherigen Territorien zu konsolidieren, sondern sich auch auf weitere Gebiete von Württemberg bis Brandenburg auszudehnen. Doch in den 40er Jahren hatte Kaiser Karl V., der sich, außenpolitisch überfordert, innenpolitisch immer wieder um Vermittlung bemüht hatte, die Kriege mit der Türkei und Frankreich beenden können. Als nun die Lutheraner die Teilnahme am Trienter Konzil (weil unter päpstlicher Leitung) abgelehnt hatten (Luthers Schrift »Wider das Papsttum zu Rom, vom Teufel gestiftet« 1545), sah sich der Kaiser endlich stark genug, um die kriegerische Auseinandersetzung mit dem mächtigen Schmalkaldischen Bund der Protestanten zu wagen. Die protestantischen Mächte wurden denn auch in diesen ersten Religionskriegen 1546/47 (Schmalkaldische Kriege) besiegt, und die volle Wiederherstellung römisch-katholischer Verhältnisse (mit Konzessionen lediglich bezüglich Priesterehe und Laienkelch) schien nur noch eine Frage der Zeit. Nur der Parteiwechsel des verschlagenen Moritz von Sachsen – er hatte sich im geheimen mit Frankreich verbündet, den Kaiser in Innsbruck 1552 in einer Überrumpelungsaktion zur Flucht gezwungen und so auch die Unterbrechung des Konzils von Trient provoziert – rettete den Protestantismus vor dem Untergang. Die konfessionelle Spaltung Deutschlands zwischen den altgläubigen Territorien und denen des »Augsburgischen Bekenntnisses« wurde schließlich besiegelt durch den Augsburger Religionsfrieden von 1555. Seither galt nicht etwa die Religionsfreiheit, sondern das Prinzip: »Cuius regio, eius religio«, »Wessen die Region, dessen auch die Religion«. Wer nicht zu den beiden »Religionen« gehörte, blieb vom Frieden ausgeschlossen.

Hinzu kommt: Das protestantische Lager selber hat die *Einheit nicht bewahren können*: Es kam schon früh zur Spaltung des Protestantismus in Deutschland in eine »linke« und eine »rechte« Reformation.

Die Spaltung der Reformation

Luther hatte Geister gerufen, aber manche wurde er nur gewaltsam wieder los. Es waren dies die Geister des *Schwärmertums*, die sich gewiß aus mittelalterlichen Wurzeln nährten, aber doch von Luthers Auftreten ungemein gefördert wurden. Eine Vielzahl von Einzelinteressen und Einzelerhebungen begann sich unter Berufung auf Luthers Namen breitzumachen, und bald sah sich Luther einer zweiten, einer »linken« Front gegenüber. Ja, Luthers Gegner zur Linken (schwärmerische Wirren, Tumulte und ein Bildersturm schon 1522 in seiner eigenen Stadt Wittenberg!) waren für sein reformerisches Unternehmen bald mindestens so gefährlich wie seine Gegner zur Rechten, die römisch orientierten Traditionalisten. Beriefen sich die »Papisten« auf das römische System, so praktizierten die »Schwärmer« einen oft fanatischen religiösen Subjektivismus und Enthusiasmus, der sich auf die persönlich erlebte unmittelbare Offenbarung und Geisterfahrung (»innere Stimme«, »inneres Licht«) berief. Im Fall ihres ersten Agitators und wichtigsten Konkurrenten Luthers, des Pfarrers Thomas Münzer, verbanden sich die reformatorischen mit sozialrevolutionären Ideen: Durchsetzung der Reformation mit Gewalt, notfalls auch ohne alle Rücksicht auf bestehendes Recht, und Aufrichtung des tausendjährigen Reiches Christi auf Erden!

Aber *Luther* – politisch offensichtlich in einer Sicht »von oben« befangen und deswegen von Thomas Münzer über Friedrich Engels bis Ernst Bloch heftig kritisiert – war *nicht bereit*, aus seiner radikalen Forderung nach der Freiheit eines Christenmenschen *ebenso radikale soziale Konsequenzen zu ziehen* und die berechtigten Forderungen der – in ihrer Selbständigkeit offensichtlich bedrohten und zunehmend ausgebeuteten – Bauern gegen Fürsten und Adel mit entsprechender Deutlichkeit zu unterstützen. Gab es denn – bei allen verwerflichen Ausschreitungen – nicht auch durchaus vernünftige und berechtigte Forderungen der Bauern?

Oder war alles nur ein Mißverständnis, gar Mißbrauch des Evangeliums? Auch Luther hat die wirtschaftliche und rechtliche Not der Bauern nicht leugnen können. Ein Reformkonzept aber wäre keineswegs von vorneherein illusionär gewesen. Warum nicht? Weil die demokratische Ordnung der schweizerischen Eidgenossenschaft, für die süddeutschen Bauern das Ideal einer Neuordnung, ein durchaus realisierbares Modell hätten sein können! Dem in Thüringer Perspektive befangenen und jetzt in seinen konservativen Neigungen bestätigten Luther aber war dies alles fremd. Durch Nachrichten von greulichen Bauernaufständen erschreckt, stellt er sich in fataler Weise auf die Seite der Obrigkeit und rechtfertigt die brutale Unterdrückung des Aufruhrs der Bauern.

Freiheit der Kirche?

Neben der reformatorischen Linken gab es die Rechte. Und hier muß man sehen: Das *Ideal der freien christlichen Kirche*, wie es Luther in seinen Programmschriften seinen Zeitgenossen begeisternd vor Augen gemalt hatte, ist im deutschen Reich *nicht verwirklicht* worden. Zwar sind zahllose Kirchen durch Luther von der Herrschaft verweltlichter und reformfeindlicher Bischöfe und vor allem von der »Gefangenschaft« durch die römische Kurie, von ihrer absolutistischen Herrschsucht und finanziellen Ausbeutung, befreit worden. Doch was war das Ergebnis?

Luther hatte grundsätzlich die Lehre von Staat und Kirche als den »zwei Reichen« vertreten. Aber zugleich schrieb er angesichts all der Schwierigkeiten mit Rom auf der einen und mit Schwärmern und Aufrührern auf der anderen Seite den Landesherren (und nicht alle waren ja ein Friedrich »der Weise«!) die Pflicht zu, die Kirche zu schützen und die Ordnung in ihr aufrechtzuerhalten. Da nun die katholischen Bischöfe im lutherischen Bereich zuallermeist ausfielen, sollten die Fürsten die Rolle von »Notbischöfen« übernehmen. Aber aus den *»Notbischöfen«* wurden sehr bald *»Summepiscopi«*, die sich quasi bischöfliche Vollmacht zuschrieben. Und aus der Volksreformation wurde jetzt in verschiedener Hinsicht eine Fürstenreformation.

Kurz: Die aus der »Gefangenschaft Babylons« befreiten lutherischen Kirchen gerieten rasch in die fast vollständige und oft nicht weniger drückende Abhängigkeit von ihren eigenen Fürsten samt deren Juristen und kirchlichen Verwaltungsorganen (Konsistorien). Die Fürsten, die schon vor der Reformation gegen Bauern und Bürger auf innere Vereinheitlichung ihrer oft bunt zusammengewürfelten Territorien und einen geschlossenen Untertanenverband hingearbeitet hatten, waren durch die Säkularisierung des Kirchenguts reich und durch den Rückzug der Kirche auf die religiöse Sphäre übermächtig geworden. Der *Landesfürst* wurde schließlich so etwas wie ein *Papst im eigenen Territorium!*

Nein, die lutherische Reformation hat nicht direkt (wie in protestantischer Kirchengeschichtsschreibung so oft behauptet) der Moderne, der Religionsfreiheit und der Französischen Revolution den Weg bereitet (dafür wird ein weiterer epochaler Paradigmenwechsel nötig sein), sondern zunächst einmal dem fürstlichen Absolutismus und Despotismus. Aufs Ganze gesehen wurde im lutherischen Deutschland – anders als bei Calvin – also nicht die freie christliche Kirche realisiert, sondern die christlich fragwürdige *kirchliche Fürstenherrschaft*, die in Deutschland erst mit der Revolution nach dem Ersten Weltkrieg ihr – verdientes – Ende finden sollte. Doch selbst noch in der Zeit des Nationalsozialismus war der Widerstand der lutherischen Kirchen gegenüber einem totalitären Terrorregime wie dem Hitlers entscheidend geschwächt durch die Zwei-Reiche-Lehre, durch jene von Luther her übliche Unterordnung der Kirchen unter die staatliche Autorität und die Betonung des bürgerlichen Gehorsams in weltlichen Dingen. Nur am Rande kann hier erwähnt werden: Schon Martin Luther hat sich gerade noch in Predigten vor seinem Tod derart häßlich und unchristlich über die *Juden* geäußert, daß es den Nationalsozialisten nicht schwerfiel, ihn als Kronzeugen für ihren Haß auf Juden und ihre antisemitische Hetze anzuführen. Doch waren dies Luthers letzte Worte nicht und sollen auch die meinen nicht sein.

Ich möchte schließen mit drei großen und für Luther ganz und gar charakteristischen Worten:

– Zuerst die dialektische Schlußfolgerung seiner Schrift »Von der Freiheit eines Christenmenschen«: »Aus dem allem folget der Beschluß, daß ein Christenmensch lebt nicht in sich selbst, sondern in Christo und seinem Nächsten, in Christo durch den Glauben, im Nächsten durch die Liebe; durch den Glauben fährt er über sich in Gott, aus Gott fährt er wieder unter sich durch die Liebe, und bleibt doch immer in Gott und göttlicher Liebe ... Siehe, das ist die rechte, geistliche, christliche Freiheit, die das Herz frei macht von allen Sünden, Gesetzen und Geboten, welche alle andere Freiheit übertrifft wie der Himmel die Erde. Sie gebe uns Gott recht zu verstehen und zu behalten!«

- Dann Luthers zusammenfassendes Votum vor Kaiser und Reichstag zu Worms: »Wenn ich nicht durch Zeugnisse der Schrift oder einen einleuchtenden Vernunftgrund überzeugt werde – denn weder dem Papst noch den Konzilien allein glaube ich, da es feststeht, daß sie häufig geirrt und sich selbst widersprochen haben –, so bleibe ich an die von mir angeführten Schriftworte gebunden. Und solange mein Gewissen gefangen ist von den Worten Gottes, kann und will ich nicht widerrufen, da gegen das Gewissen zu handeln weder sicher noch lauter ist. Gott helfe mir. Amen.«
- Und schließlich Luthers letzte schriftliche Aufzeichnung: »Den Vergil in seinen Hirten- und Bauernliedern kann niemand verstehen, er sei denn fünf Jahre Hirte oder Bauer gewesen. Den Cicero in seinen Briefen, so stelle ich mir's vor, kann niemand verstehen, er habe denn zwanzig Jahre sich in einem hervorragenden Staatswesen bewegt. Die Heilige Schrift meine niemand hinreichend verstanden zu haben, er habe denn hundert Jahre lang mit den Propheten die Gemeinden regiert. Du lege nicht die Hand an die göttliche Aeneis, sondern tief anbetend gehe ihren Fußstapfen nach. Wir sind Bettler. Das ist wahr.«

Rudolf Scharping
Grundlagen der Freiheit festigen

Wir leben in einer Zeit rasanter Entwicklungen. Es sind nicht nur die großen Umbrüche, wie der Fall des Eisernen Vorhangs, die das Leben der Menschen verändern. Es sind auch die kleinen alltäglichen Veränderungen, die uns prägen. Das Antlitz unserer Gesellschaft wandelt sich. Allein eine grobe Skizze unserer Arbeitswelt macht deutlich, wie tiefgreifend diese Veränderungen sind: Traditionelle Herstellungsweisen, Unternehmensorganisationen und Berufsbilder verlieren zunehmend an Bedeutung. Soziale Milieus und Bindungen lösen sich auf, Lebensentwürfe verwandeln sich in Planungen für begrenzte Lebensabschnitte. Diese Entwicklungen laufen in verschiedenen Branchen, aber auch in verschiedenen Regionen mit unterschiedlicher Geschwindigkeit ab. Oft eilt die ökonomische und technische Umstellung der sozialen Einstellung voraus. Der Übergang ist mit Verwerfungen verbunden. Manch einer fühlt sich durch diese Veränderung überfordert, verliert die Orientierung. Andere glauben nun, losgelöst von sozialer Verantwortung, nur noch den eigenen Vorteil suchen zu müssen.

Die Schnelligkeit, die Vielfalt und die Ungleichzeitigkeit der Wandlungen unserer Gesellschaft bedürfen der Interpretation. Es werden uns Theorien angeboten, die diese Entwicklungen zu erklären suchen, oft genug verbunden mit einer guten Portion Kulturpessimismus. Sozialwissenschaftler suchen Zuflucht zu Erkenntnissen der Naturwissenschaft. Sie wenden die »Chaos-Theorie« auf politische und gesellschaftliche Veränderungen an. Ihrer Meinung nach wird die Bedeutung der Nationalstaaten immer geringer. Kleine gesellschaftliche und ethnische Gruppen ringen um ihren Vorteil. Dies führt dazu, daß es für den Zusammenhalt der Gesellschaft kein stabiles Ordnungssystem mehr gibt. Der französische Politologe Alain Minc spricht sogar von einer Rückkehr ins düstere Mittelalter. Er prophezeit, daß sich unsere modernen Staaten auflösen werden und Europa in die Kleinstaaterei zurückfällt. Die Menschen werde kein Fortschrittsglaube, kein Optimismus mehr verbinden.

Es läßt sich nicht leugnen: Die Vielfältigkeit und Ungleichzeitigkeit der Entwicklungen machen Politik zu einem schweren Geschäft. Davon weiß eine Volkspartei wie die SPD einiges zu berichten. Nur: Genauso wie vormals die Unterstellung einer naturwüchsigen Entwicklung hin zu einer kommunistischen Gesellschaft sich als trügerisch erwies, so scheint mir eine als naturwüchsig angenommene Veränderung in eine atomisierte Gesellschaft in die Irre zu führen. Nicht der Bruch mit den bestehenden Verhältnissen, sondern allein ihre Reform schafft eine menschliche Perspektive und gibt Sicherheit.

Allzu häufig wird in Deutschland inzwischen Freiheit mit Egoismus, mit grenzenloser Libertinage verwechselt. Damit wird Freiheit einem darwinistischen Prinzip untergeordnet: Das Recht des Stärkeren triumphiert über das des Schwachen. Freiheit verkehrt sich somit in ihr Gegenteil. In den USA ist inzwischen ein Begriff für die Verfechter der Ellenbogengesellschaft gefunden: »Nimbies«. Das ist eine Abkürzung für »Not in my backyard«. Will heißen: Alles ist erlaubt, solange die eigene Sphäre nicht berührt wird.

Kritiker dieser Einstellung machen die Individualisierung in der modernen Industriegesellschaft mitverantwortlich. Es macht für mich keinen Sinn, Egoismus mit Individualismus gleichzusetzen. Gerade die sozialdemokratische Arbeiterbewegung hat sich immer dafür eingesetzt, daß die Arbeitnehmerinnen und Arbeitnehmer und ihre Kinder gleichberechtigten Zugang zu Bildung und Kultur haben, daß sie weitgehend selbstbestimmt leben können. Davon sind wir allemal noch weit entfernt, aber wir haben doch einiges erreicht. Natürlich haben die gestiegenen Möglichkeiten zu eigener Lebensgestaltung auch Auswirkungen etwa auf traditionelle Milieus. Doch scheint mir das per se noch kein Grund zur Klage zu sein.

Die Sozialdemokratie steht in der Tradition der europäischen Aufklärung und des Humanismus. In dieser Tradition will sie Menschen für intelligente Antworten auf die Moderne gewinnen. Das setzt voraus, daß wir uns ihrer Grundlagen vergewissern. In der amerikanischen Unabhängigkeitserklärung, Grundlage vieler moderner Verfassungen, wurde festgehalten: Die Unterzeichner einige die Überzeugung, daß jeder Mensch das gleiche Recht im

Streben nach Glück habe. Ich will, daß Menschen frei und gleichberechtigt leben können, daß nicht abstrakte Autoritäten, sondern der eigene Wille, die souveräne Entscheidung, geprägt aus Selbstbewußtsein und Rücksichtnahme, den Ort des Menschen in der Gemeinschaft bestimmt. Einer Gemeinschaft, die sich aus gemeinsamen Werten und gegenseitiger Verantwortung schöpft. »Denn Freiheit ist nie wirklich als Freiheit bloß einzelner«, schrieb Karl Jaspers. »Jeder einzelne ist frei in dem Maße, als die anderen frei sind.«

Freiheit bedarf der sozialen Gerechtigkeit. Es ist zweifellos behaglicher, sich dort für Gerechtigkeit einzusetzen, wo Wachstum noch verteilt werden kann. Doch die Idee der Gerechtigkeit aus verteiltem Wachstum trägt nicht mehr. Weniger behaglich, aber um so dringlicher ist es, Gerechtigkeit aus der Erträglichkeit und Verstehbarkeit der Zumutungen zu definieren, oder um es konkreter zu sagen: Gerechtigkeit aus der Perspektive der Umschichtung heraus zu betrachten. Ein Spaziergang wird das nicht. Der Kampf für Gerechtigkeit braucht unter diesen schwierigen Bedingungen viele Verbündete.

»Mehr Demokratie wagen«, forderte Willy Brandt und gewann die Herzen und Köpfe Hunderttausender junger Menschen, die glaubten, keine Heimat mehr in den alten Parteien zu finden. Die Bürgerinnen und Bürger dafür zu gewinnen, bei dem großen Projekt der sozialen, wirtschaftlichen und ökologischen Vernunft mitzuwirken, mitzumachen, das wird die große Herausforderung der nächsten Jahre sein. Dafür brauchen wir alle zusammen Mut und Kreativität, soziale Verantwortung und gemeinsames Engagement.

Mir geht es dabei um mehr als moralische Appelle, das Beschwören bürgerlicher Tugenden. Deren gab es in den letzten Jahren genug. Es geht mir vor allem darum, Demokratie erlebbar zu machen. Lebendige Demokratie braucht die Bereitschaft der Bürgerinnen und Bürger zur aktiven Mitverantwortung und Mitwirkung. Sicher, die Reserven an Zeit und Energie sind für die meisten Menschen knapp. Eher am Rande nehmen sie Politik wahr. Doch die Bereitschaft zum Engagement ist da – wer sich die zahlreichen und bunten Initiativen im vorparlamentarischen Raum anschaut, weiß um die großen Potentiale. Ich plädiere deshalb für eine Verfassungsänderung, durch die die unmittelbare Bürgerbeteiligung gestärkt wird: durch Volksinitiativen, Volksbegehren und Volksentscheid. Es wird Zeit.

Ich stimme dem Soziologen Ulrich Beck zu, wenn er betont, daß es sehr viele Menschen gebe, die sich moralisch engagierten, die nach Gemeinsamkeiten suchten. Sie passen nur nicht in die alten sozialen Schablonen. Ihre Initiativen werden von der Politik und in der Öffentlichkeit nur selten wahrgenommen. Ob dies die Schülergruppe ist, die Hilfe für Bosnien organisieren will, ob dies Bürgerinnen und Bürger sind, die ihre Häuser und Wohnungen umbauen, damit junge und alte Menschen dort gemeinsam leben können, und viele andere mehr: Wir werden diesen engagierten Menschen mehr Möglichkeiten bieten müssen, damit sie sich in »ihrem Staat« besser anerkannt fühlen und ihn sich zu eigen machen können.

Ich sehe zur Zeit aber eher die Gefahr, daß soziales Engagement zurückgestoßen wird. Die konservative und neoliberale Politik fördert den Trend zum Egoismus. Die Menschen dürfen nicht so weit getrieben werden, daß sie sich als Einzelkämpfer begreifen müssen. Wo es kein Grundvertrauen in eine gemeinschaftliche Zukunft gibt, sind Demokratie und soziale Grundrechte, sind die Freiheitsrechte in Gefahr.

Der soziale Rückfall macht noch nicht einmal ökonomisch Sinn: Wer die Kosten der Arbeit verteuert, wer honoriert, daß Gewinne verbraucht werden, anstatt sie in Arbeitsplätze zu investieren, wer Arbeitslosigkeit verwaltet, statt Arbeit zu finanzieren, wer Technologie, Bildung und Innovation schleifen läßt und den Staat in eine immer größere Schuldenlast hineintreibt, der wirtschaftet das Land herunter. Da rede mir keiner von »Sachzwang«. Es gibt wohl kein schillernderes Wort, das den Gesetzmäßigkeiten der politischen Trägheit gehorcht.

Ich gestehe, daß mich diese Politik einer Partei, die sich in ihrem Namen dem Christentum verpflichtet, deren wichtigste Vordenker einst aus der katholischen Soziallehre stammten, zornig macht. Bundeskanzler Kohl hat zu Beginn seiner Regierungszeit den Bürgerinnen und Bürgern nicht zuviel versprochen: Es gab eine geistig-moralische Wende. Sie entpuppte sich als Rückschritt.

Ich kann den Spruch, daß jeder seines Glückes Schmied sei, nur schwer ertragen. Alte, Kranke und Menschen, die auf die Solidarität einer Gemeinschaft angewiesen sind, fühlen sich dann als Schuldige. Schuldig werden etwa Menschen, die leistungsfähig sind, aber daran gehindert werden, aus eigener Kraft ihr Leben zu führen. Arbeitslose Frauen und Männer haben das Recht, zu beweisen, was in ihnen steckt. Wer ihnen dieses Recht nimmt, nimmt ihnen die Freiheit, ein selbstbestimmtes Leben zu führen. Wer Arbeits- und Sozialpolitik für überflüssiges Zierwerk hält, schränkt die Freiheit der Mehrheit unserer Bevölkerung ein.

Die soziale Kälte, die offensichtlichen Ungerechtigkeiten und die Gleichgültigkeit erzeugen Protest. Ich kann die Gründe nachvollziehen. Und wer wollte bestreiten, daß Protest in der Demokratie legitim und bisweilen dringend notwendig ist. Doch die Richtung des Protestes bedrückt mich. Die mangelnde Sensibilität gegenüber den Problemen der Menschen entfremdet sie von der Demokratie, weil diese nicht mehr als sozial wahrgenommen wird. Oder sie treibt sie Parteien zu, die den Willen zur Gestaltung, Veränderung und Verbesserung vermissen lassen, Parteien, die sich wie die PDS nur noch aus der Opposition heraus erklären und die Realisierung ihrer Forderungen erst gar nicht in Betracht ziehen, die letztlich Roßtäuscherei betreiben.

Im Grundsatzprogramm der SPD heißt es: »Gemeinsam verstehen wir den Menschen als Vernunft- und Naturwesen, als Individual- und Gesellschaftswesen. Als Teil der Natur kann er nur in und mit der Natur leben. Seine Individualität entfaltet er nur in Gemeinschaft mit seinen Mitmenschen.« Individualität und Solidarität, die eigene Leistung und die Verantwortung für andere müssen in ein neues, fruchtbares Verhältnis gebracht werden. Das ist eine der größten Herausforderungen für die westlichen Industriegesellschaften.

Nur wenn wir diese Herausforderung annehmen, können wir allen Menschen die gleichen Freiheitsrechte garantieren. Freiheit ist immer auch die Freiheit des anderen. Das darf eine Gesellschaft nicht vergessen, in der die Chancen des einzelnen immer größer werden. Freiheit verlangt, daß niemand in entwürdigender Abhängigkeit, in Not oder Furcht leben muß.

Ein solcher Ansatz hat erhebliche Konsequenzen. Zum einen umschreibt er deutlich, daß ein freiheitlicher Staat neben allen politischen Freiheiten und über die demokratischen Institutionen hinaus verpflichtet ist, soziale Gerechtigkeit herzustellen. Er muß zudem Formen offener und verdeckter Diskriminierung ganzer Bevölkerungsgruppen abwehren.

Die Bundesrepublik Deutschland bekennt sich in ihrer Verfassung dazu, eine offene Republik zu sein. Eine Republik, die auf universellen Freiheits- und Menschenrechten gründet. Sie gelten für alle Menschen, gleich welcher Abstammung, welcher Religion, welchen Geschlechts sie sein mögen. Mit diesem Bekenntnis zu den weltbürgerlichen republikanischen Idealen hat sich Deutschland bewußt von der verhängnisvollen Tradition des völkischen Nationalismus abgewandt.

Doch Bekenntnisse zum Weltbürgertum allein reichen nicht. Was ist beispielsweise mit den Menschen, die vor der Armut in ihrem Heimatland flüchten? Sie brauchen eine faire Zusammenarbeit, die die Lage in ihrer Heimat verbessert, und eine faire Chance in Europa und auch in Deutschland. Einwanderungspolitik muß mehr sein als ein kurzatmiger Abwehrreflex. Sie soll Teil der wirtschaftlichen, sozialen und kulturellen Gestaltung unseres Landes sein. Unsere türkischen, italienischen, spanischen, griechischen Mitbürgerinnen und Mitbürger, Menschen aus vielen verschiedenen Herkunftsländern, haben uns gelehrt, wie bereichernd ein Zusammenleben mit ihnen sein kann.

Ich weiß, daß der Gedanke an ein Einwanderungsgesetz auch jene zurückschrecken läßt, die nicht, so wie ich, diese Erfahrung der kulturellen und sozialen Bereicherung gemacht haben. Einwanderungsgesetz heißt natürlich auch, daß der Zuwanderungsstrom begrenzt werden kann, daß Kriterien angelegt werden.

Wir werden uns um die Integration stärker bemühen müssen: Das heißt, die Vorbehalte bei jenen Deutschen abzubauen, die sich durch das Fremde überfordert fühlen. Das heißt weiter, mehr Stätten der Begegnung zwischen einheimischen und ausländischen Einwohnerinnen und Einwohnern zu schaffen. Und das heißt zum dritten, bei der Unterbringung der Menschen sensibler und humaner vorzugehen. Und viertens, den Weg zur doppelten Staatsbürgerschaft zu erleichtern.

Über eines sollten wir uns klar sein: Die Menschen, die aus armen und krisengeschüttelten Ländern zu uns kommen, sind Opfer des weltweiten Verteilungskampfes um Lebenschancen. Wer vor Hunger und Not flüchtet, verläßt seine Heimat, seine Familie und seine Freunde nicht freiwillig. Unser oberstes Ziel muß sein, daß sie die Freiheit haben, in ihrem eigenen Land leben zu können. Wir können dafür einiges tun durch eine gezielte Entwicklungspolitik und eine gerechte Welthandelspolitik.

Die Bundesrepublik Deutschland trägt große Verantwortung. Die Regime sind in den Ländern Osteuropas zusammengebrochen. Die jungen Demokratien tun sich schwer; mit dem Zusammenbruch des alten Regimes kommt nicht automatisch die Freiheit für die Menschen. Es mangelt an der demokratischen »Basisausrüstung« – an durch Erfahrung bewährten Institutionen der Demokratie und des Rechtsstaates, an einer unabhängigen Verwaltung, an Vereinigungen und Verbänden, in denen die Menschen Demokratie erleben können.

Auf ihrem mühsamen Weg in die Demokratie bedürfen sie unserer Unterstützung, auch der wirtschaftlichen. Das ist zum einen Gebot der Mitmenschlichkeit. Wenn ihre Mühen scheitern, tragen wir die Folgen mit, nicht nur, weil sich dann die Menschen auf den Weg gen Westen machen, sondern auch, weil die sich abzeichnende Radikalisierung nicht an den Grenzen haltmachen wird. Der Erfolg der Demokratisierung im Osten ist auch eine Voraussetzung für die Freiheit der Menschen im Westen.

Thomas Schmid

Der neue alte Rechtsradikalismus

Die Furcht der Europäer vor dem Wandel

Handelt es sich bei dem »neuen alten« Rechtsradikalismus um ein spezifisch deutsches, vor allem aus der deutschen Tradition erklärbares Phänomen oder um ein gemeineuropäisches, alle Länder des Kontinents betreffendes Phänomen? Um meine These vorwegzunehmen: Ganz offensichtlich stellt der Rechtsradikalismus ein europäisches Phänomen dar; das ändert freilich nichts daran, daß er in Deutschland stets in einem anderen Kontext steht als in anderen europäischen Ländern. Ganz abgesehen davon, daß nirgendwo sonst in Europa die rechte Gewaltbereitschaft derart unverblümt und massiv auftritt.

Hans Magnus Enzensberger schrieb: »Der Fremdenhaß – ein spezifisch deutsches Phänomen? Das wäre nicht zu häßlich, es wäre zu schön, um wahr zu sein. Die Lösung läge auf der Hand. Man bräuchte nur die Bundesrepublik zu isolieren, und der Rest der Welt könnte aufatmen.« Das kann er aber nicht, ist er doch selbst betroffen. Wie kam es zur neuen Welle von Fremdenhaß und Rechtsextremismus in Europa?

Erfolge hatten rechte Parteien zwar schon vor dem Jahr 1989; seitdem aber – so scheint es – formulieren sie offensiver und erfolgreicher als zuvor ein allgemeines Unbehagen. Schon vor 1989 war ein Ende der jahrzehntelangen europäischen Prosperitätsphase absehbar und teilweise auch schon spürbar; seit 1989 – seit dem Jahr also, in dem der Eiserne Vorhang fiel – ist dies Ende zur unausweichlichen Gewißheit und für nicht wenige auch schon zur schmerzlichen Realität geworden. Europa ist jählings aus dem Traum von der immerwährenden Prosperität erwacht, und in solchen Momenten des Erwachens gibt es stets viele, die nach Schuldigen Ausschau halten und in denen, die sie für fremd halten, diese Schuldigen zu finden meinen.

Wie bedrohlich die neue europäische Unordnung und Unübersichtlichkeit erscheinen muß, wird deutlich, wenn man sich noch einmal die Zeit davor in Erinnerung ruft. Es war die Zeit der politischen Ordnung von Jalta. Ihr Ende war – mit dem Fallen von Mauern – ein Moment unerwarteten Glücks, und in den mehr als vierzig Jahren des Kalten Kriegs ist die Barbarei der Ordnung von Jalta immer wieder und zu Recht beschrieben worden. Doch es gab auch eine Gegenseite (und über diese ist weniger gern, zumindest aber weniger offen gesprochen worden): Die Ordnung von Jalta bescherte Europa – genauer: dem Westen Europas – eine bisher nicht dagewesene, ja nicht einmal vorstellbare Zeit des Friedens und der Prosperität. So absurd es klingt, es stimmt doch: Im Schatten der Bombe erlebte Westeuropa eine einmalige Phase des Glücks. Das ganze 19. Jahrhundert hindurch bis zum Ende des Zweiten Weltkriegs war in Europa der immerwährende Streit um Grenzen der Normalfall gewesen, und der Nationalismus hatte diesen Querelen einen besonders unversöhnlichen Charakter gegeben. Zudem war der Kapitalismus bis dahin nicht nur in den peripheren Ländern Europas, sondern auch in seinem Zentrum nur als ein Krisenmodell erlebbar gewesen. Vor diesem historischen Hintergrund wird schnell deutlich, welche Faszination von der Nachkriegsordnung ausgegangen sein muß. Erstmals – gebieterisch durch die atomare Bedrohung erzwungen – kein Streit um Grenzen mehr; erstmals für die große Mehrheit der Westeuropäer die Möglichkeit, sich anders als auf den Schlachtfeldern zu begegnen; und erstmals ein Wohlstand, der bisher gänzlich undenkbar gewesen war.

Man hat in Europa also von der Ordnung von Jalta profitiert. Und man war schnell geneigt, sie für ein Ding mit Ewigkeitswert zu halten. Und das wiederum wiegte Bürger, Parteien und Regierungen in Westeuropa in dem – wie wir heute wissen – irrigen Glauben, über sehr viel Zeit zu verfügen. In diesem Glauben hat es Westeuropa in den »goldenen Zeiten des Kalten Kriegs« versäumt, das Projekt der europäischen Integration entschlossen voranzubringen. Alles schien ohnehin auf die nach-nationale Zeit zuzulaufen, die Gespenster der Vergangenheit schienen gebannt, man schien nur warten zu müssen. Um so größer war dann das Erstaunen und Erschrecken, als plötzlich keine Zeit mehr zur Verfügung stand, die Ordnung von Jalta binnen kürzester Zeit zusammengebrochen war und die Geister der Vergangenheit – etwa in

Form ethnisch motivierter Politik – zurückkehrten. Niemand war darauf gerüstet. Es gab kein stabiles nach-nationales und politisch integriertes Europa, das nach Osten hin als Vorbild hätte fungieren können. Und vor allem: Schlagartig war die Zeit europäischer Nicht-Geschichte, war die Zeit des Stillstands im Winkel der Weltgeschichte vorbei.

Viele traditionell konflikterzeugende Themen, die über Jahrzehnte hinweg ohne Bedeutung gewesen waren, wurden plötzlich wieder aktuell – die Frage der Nation und der möglichen Alternative zu ihr; die Frage, ob das vereinte Europa eine Gefahr für die europäische Tradition der kulturellen Differenz darstelle; die Frage, wie mit Grenzen – gar mit offenen Grenzen – umzugehen sei; und schließlich die Frage, ob der Wohlstand, der in Westeuropa fast schon den Rang einer Naturtatsache angenommen hatte, über kurz oder lang der Vergangenheit angehören könnte.

All diese Fragen wurden, kaum hörbar, schon vor 1989 aufgeworfen. Schon zuvor war das Thema der möglichen Armutsmigration aus dem Süden der Welt wie auch aus dem Osten Europas virulent. Schon zuvor waren die Vorbehalte gegen den europäischen Integrationsprozeß und die Furcht vor Wohlstandsverlusten verbreitet. Doch der Epochenbruch von 1989 hat für viele all diese Ahnungen zur Gewißheit werden lassen und sie mit beträchtlicher Wucht ausgestattet. Zunehmend wurde überall in Europa die gesamte neuere Entwicklung als Bedrohung wahrgenommen. Es liegt auf der Hand, was das alles mit Xenophobie und Rechtsradikalismus zu tun hat. Jeder weiß, daß die goldenen Zeiten ständiger Zuwächse vorbei sind; und jeder weiß, daß wir in Westeuropa etwas Neues werden lernen müssen: den zivilen, demokratischen Umgang mit Krisen. Das aber ruft natürlich einen spezifischen Reflex auf den Plan: den der Besitzstandswahrung, des »Rette-sich-wer-kann«. Durch die modernen Prozesse der Individualisierung ohnehin nicht schlecht dafür gerüstet, reagieren viele auf die neue Unübersichtlichkeit mit einem radikalen Egoismus, mit einem Wohlstandschauvinismus. Das führt dann zu einer mitunter massiven Aggressivität gegen alle, die als Bedrohung des erreichten Wohlstands wahrgenommen werden: gegen die sozial Schwachen im eigenen Land; gegen alle, die – weil tieferstehend – Distinktionsgewinne möglich machen; gegen alle, die fremd sind oder als fremd wahrgenommen werden; gegen alle also, die nicht dazuzugehören scheinen.

Stets hat die Ankunft von Migranten auch Unbehagen und Feindschaft ausgelöst – in Deutschland nicht anders als in Frankreich oder auch in den USA. Denn Migration war immer ein Anzeichen dafür, daß die bisher festen oder auch nur für fest gehaltenen Verhältnisse in Bewegung gekommen waren. Migranten sind gewissermaßen die Boten der neuen Unübersichtlichkeit – werden aber immer wieder als die Botschaft genommen. So auch hier. Der Epochenbruch von 1989 wird unter anderem auch eine verstärkte Ost-West-Migration zur Folge haben. Und es wird – in ganz Westeuropa – viele geben, die in den Migranten die Ursache für all die neuen Probleme sehen. Der in ganz Europa verbreitete Rechtsradikalismus ist auch ein Versuch, Schuldige für das neue Durcheinander ausfindig zu machen. Man darf dabei im übrigen nicht übersehen, daß die neue rechte Politik der rücksichtslosen Besitzstandswahrung die unterschiedlichsten Akteure und Schichten versammelt: Verteidiger realer Besitzstände ebenso wie Verteidiger imaginärer, subproletarische Schichten ebenso wie klassische Facharbeiter, die bisher stets zur Sozialdemokratie tendiert hatten.

Fast überall in Europa hat diese mentale Wendung nach rechts auch parteipolitische Konsequenzen gehabt. Die Beispiele sind bekannt: neben den deutschen »Republikanern« die »Front National« Le Pens in Frankreich; Jörg Haiders stürmische Erfolge in Österreich ebenso wie die Erfolge rechtsseparatistischer Bewegungen in Belgien, die offen den Fortbestand des belgischen Staates bekämpfen. Schon hier wird deutlich, daß in Gestalt des neuen Rechtspopulismus und Rechtsradikalismus ein alter europäischer Konflikt wieder auflebt: der Konflikt zwischen Universalismus und Partikularismus.

Am klarsten erkennbar ist das am Beispiel der »Lega Nord« in Italien. Denn hier wird endgültig sichtbar, daß es sich um ein modernes Phänomen, um einen modernen Partikularismus handelt, der kaum noch etwas mit der herkömmlichen rechten Programmatik zu tun hat. So argumentiert die »Lega Nord« gerade nicht national; sie propagiert (genauer: propagierte) vielmehr den Abbruch des nationalstaatlichen Versuchs in Italien, unter anderem mit dem keineswegs abwegigen Argument, mehr als hundert Jahre nationaler Einheit hätten dem Süden des Landes keine Entwicklungsperspektive eröffnet und dem Norden nur geschadet. Die »Lega Nord«, die gerade nicht nur die Ewiggestrigen versammelt, ist eine Bewegung der Besitzstandswahrung: Der reiche Norden soll sich von der Mitte und vor allem vom armen Süden abkoppeln und Anschluß an den prosperierenden Norden Europas suchen. Die »Lega Nord« vereint in sich eine eigentümliche Mischung – die Fremdenfeindlichkeit gehört ebenso zu ihrem Programm wie der Föderalismus. Darin könnte sie – und nicht der grobschlächtige, an der Vergangenheit orientierte Rechtsextremismus der »Republikaner« – richtungsweisend sein.

Ganz sicher jedoch gilt, daß die rechte Renaissance in Deutschland Teil eines gesamteuropäischen Aufschwungs der Rechten ist (der im Westen begonnen hat und sich nach Osten hin fortsetzen wird). Und in gewisser Weise gilt auch, daß die rechte Renaissance in Deutschland ein Stück Normalisierung darstellt. Um allfälligen Mißverständnissen vorzubeugen: Damit soll der Rechtsradikalismus keineswegs als legitim hingestellt werden – es soll nur auf die Tatsache hingewiesen sein, daß alle modernen Gesellschaften moderne Bewegungen der Antimodernität hervorbringen und es keinen Grund für die Annahme gibt, ausgerechnet Deutschland könnte hierin eine Ausnahme machen. Schließlich ist die rechte Renaissance ja auch eine Folge – wenn man will: die Kehrseite – der Tatsache, daß die Bindungskraft der herkömmlichen Parteien, Blöcke und Verbände im Abnehmen begriffen ist. Überspitzt formuliert: Der allseits begrüßte Wertewandel hat auch der extremen Rechten genutzt. (Im übrigen: Wenn es stimmt, daß die Renaissance der extremen Rechten auch Ausdruck einer Normalisierung ist, dann spricht nichts dafür, den parlamentarischen Teil dieser Rechten mit den Mitteln der Ausgrenzung bekämpfen zu wollen. Wenn – was offensichtlich der Fall ist – rechtsextreme Einstellungen weit verbreitet sind, ändert man daran nichts durch Verschweigen oder durch die magische Praxis der Leugnung, sondern nur durch offensive, das heißt öffentliche Auseinandersetzung. Die Politik der Ausgrenzung bestätigt die Wählerschaft der Rechten nur in ihrer Überzeugung, ausgeschlossen zu sein.)

Wenngleich der »neue alte« Rechtsextremismus ein gemeineuropäisches Phänomen ist, so hat er in Deutschland doch besonders erschreckende Formen angenommen. Nirgendwo sonst in Europa ist der Weg von der rechtsextremen Einstellung zur rechtsextremen Tat so direkt und so kurz wie in Deutschland. Und nirgendwo sonst sind die Schranken des zivilisierten Verhaltens derart schnell und massiv gefallen wie in Deutschland. Nirgendwo sonst tritt der rechte Mob derart aggressiv und selbstbewußt auf wie in Deutschland.

Das hat ohne Zweifel eine Reihe von Gründen. Zum einen mag es mit dem zähen Überleben rechter Dispositionen von ehedem zu tun haben. Vierzig Jahre Demokratie sind, so zeigt sich jetzt, eben doch nicht viel: Sie haben offensichtlich nicht ausgereicht, um den demokratischen Gedanken wirklich nachhaltig zu verankern. Hinzu kommt der Prozeß der deutsch-deutschen Vereinigung, der die Demokratie in Deutschland auf eine zusätzliche Probe stellt – schließlich ist die Gesellschaft um knapp siebzehn Millionen Neubürger erweitert worden, die über keinerlei Erfahrung mit demokratischen Strukturen, Rechten und Pflichten verfügen. Jetzt erst, im souverän gewordenen, das heißt nicht mehr von außen disziplinierten Deutschland, wird sich zeigen, ob die Demokratie und die Bindung an die Werte des liberalen Westens wirklich fest verankert sind – oder nur von Dauer waren, solange sie dank der scheinbar immerwährenden Prosperität auf keine ernsthafte Probe gestellt wurden. Nachdenklich stimmt dabei das Verhalten des größten Teils der politischen Klasse, die seit dem Prozeß der Vereinigung ganz offensichtlich aus dem Tritt geraten ist. Die populistische Funktionalisierung des Asylproblems und die, milde gesprochen, kopflose Reaktion zahlreicher prominenter Politiker auf die Ausschreitungen von Rostock-Lichtenhagen hat Zweifel daran aufkommen lassen, ob die politische Klasse der Republik (und zwar vor allem deren jüngerer Teil) auch in Krisenzeiten unerschütterlich an der demokratischen Option und den demokratischen Spielregeln festhalten wird.

Immer wieder ist darüber debattiert worden, ob der »neue alte« Rechtsradikalismus in den alten oder den neuen Bundesländern stärker sei. Zweifellos werden im Westen mehr rechtsradikale Straftaten begangen als im Osten – schon deswegen, weil der Westen viermal so groß ist wie der Osten. Doch in Wahrheit geht es um mehr als zahlenmäßige Vergleiche. Es geht vielmehr um die Frage, welcher Teil Deutschlands anfälliger für den Rechtsradikalismus ist. Dabei aber kommt es in erster Linie nicht auf Zahlen an, sondern darauf, wie die jeweiligen gesellschaftlichen Umfelder beschaffen sind. Und hier wird sofort der große Unterschied zwischen West- und Ostdeutschland deutlich.

Der Westen Deutschlands, also die »alte« Bundesrepublik, verfügt über ein in Jahrzehnten gewachsenes politisches und demokratisches Selbstbewußtsein. Er verfügt über ein halbwegs gesichertes Regelsystem und über eine Öffentlichkeit, die im großen und ganzen erfolgreich über die Einhaltung der Regeln wacht. Nicht die absolute Zahl von Rechtsradikalen ist das Problem; Rechtsradikale, Xenophobe, Aggressive gibt es, wie gesagt, in jeder Gesellschaft. Die Frage lautet vielmehr: Welche Stärke, welches Selbstbewußtsein, welche Selbstgewißheit besitzt die demokratische Gesellschaft im Umgang mit ihren Feinden? Läßt sie sich von antidemokratischen Impulsen verunsichern oder nicht? Wirken die Regeln des Anstands autoritativ oder nicht? So gefragt, sticht der Unterschied zwischen Deutschland-West und Deutschland-Ost sofort ins Auge.

Auf der einen Seite der westliche Teil Deutschlands, die »alte« Bundesrepublik. Sie zog das bessere deutsche Los. Sie fand – auch wenn ihre Bewohner das zu Anfang vielleicht gar nicht wollten – Anschluß an die Traditionen der westlichen Demokratie und wurde zum ersten deutschen Staat, in dem die Demokratie im Laufe der Zeit wirklich angenommen wurde. Kein Zweifel: Diejenigen, die diese Demokratie begründeten, hatten – allen voran Konrad Adenauer, der erste Bundeskanzler der Republik – alles andere als einen libertären Staat des Dissenses im Sinn. Aber sie legten die Grundlagen für einen solchen Staat, dessen Demokratie sich spätere Generationen – vor allem die von 1968 – im Dissens aneigneten. Die Bundesrepublik Deutschland wurde zum ersten deutschen Staat, in dem die Demokratie nicht mehr die verhaßte Ausnahme war, sondern zum willkommenen Normalfall wurde.

Und auf der anderen Seite die Deutsche Demokratische Republik: Ein Staat ohne Legitimität, ohne das Medium Öffentlichkeit; ein Staat, dessen Bewohner seit 1933, also mehr als ein halbes Jahrhundert lang, kontinuierlich in diktatorischen Verhältnissen gelebt hatten; ein Staat, der Völkerfreundschaft zwar verordnete, seinen Bewohnern aber den Kontakt mit den Völkern der Welt nahezu unmöglich machte; ein Staat, der den Antifaschismus zur Staatsdoktrin erhob und damit seine Untertanen mit einem Federstrich auf die Seite der Sieger stellte, also entschuldete. All das hatte aus naheliegenden Gründen wenig zivilisierende Folgen. Die DDR blieb der ältere, der deutschere deutsche Staat. Ohne die Metapher strapazieren zu wollen: Unter dem Eis des Sozialismus blieben ältere Mentalitäten eingefroren – und nun treten sie in böser Unschuld ans Tageslicht. Ein Teil dieser Mentalitäten ist die Überzeugung, daß Deutschland selbstverständlich den Deutschen zu gehören habe. Eine Überzeugung, die durch den Schock der Vereinigung und ihrer Folgen noch zusätzlich Auftrieb bekommen hat. Es ist also erklärlich, daß die Xenophobie im Osten Deutschlands über die stärkeren Bataillone verfügt und daß im Osten rechte Ressentiments leichter zu schüren sind. Es wird sich zeigen, ob der Westen diese Probe besteht: Ob er also sein ziviles Selbstverständnis festigt und ausbaut – oder ob er sich von dem Werteverfall, der im Osten stattgefunden hat, anstecken läßt und dessen anomische Tendenzen übernimmt.

Hinzu kommt ein weiteres Problem: Die Deutschen mögen sich nicht. Und zwar nicht erst, seit sie staatlich wieder vereint sind. Diese staatliche Vereinigung hat vielmehr einen deutschen Hauskrach wieder aktualisiert, der in einer langen Tradition steht. Um es auf eine kurze Formel zu bringen: Nichts weist in der unübersichtlichen und vielschichtigen deutschen Geschichte auf die Notwendigkeit oder auch nur Möglichkeit des Nationalstaats hin. Das hat mit der föderalen Tradition in Deutschland, mit dem deutschen Regionalismus und dem deutschen Eigensinn zu tun. Und gerade weil es erstens die in irgendeiner Hinsicht homogene Nation in Deutschland nicht gibt und weil zweitens in der entscheidenden Konstitutionszeit, also im 19. Jahrhundert, eine politische Idee von Staat und Gemeinwesen vollständig fehlte: Genau deswegen fiel die Begründung des deutschen Nationalstaats völkisch aus. Also: Deutscher ist, wer deutschen Blutes ist. Dieser Nationalstaat hat in den knapp fünfundsiebzig Jahren seines Bestehens den Deutschen (wie dem Rest der Welt) bekanntlich wenig Glück gebracht. Hier ist nur ein spezieller Aspekt dieser Geschichte von Interesse: Der Nationalstaat hat die Deutschen – die sich, wie gesagt, nicht wirklich kannten – miteinander gerade nicht vertraut gemacht, auch deswegen, weil eine politische und auf das gesellschaftliche Leben ausstrahlende Begründung des Gemeinwesens fehlte. Unter dem fiktiven Mantel der Nation lebte die alte Fremdheit weiter. Und insbesondere bestand weiterhin jenes traditionsreiche innerdeutsche Ost-West-Gefälle, das der Eiserne Vorhang nicht geschaffen, das er nur neu und schärfer als zuvor akzentuiert hat. Nun sind Deutsche und Deutsche zusammengekommen, die einander auch fremd sind und die nun die Erfahrung machen, daß die Einheit nicht verbinden muß, sondern auch spalten kann. Nun haben sie, was die politische Feiertagsrhetorik über Jahrzehnte hinweg beschworen hat, und sehen, daß es (sofern es überhaupt gewünscht war) keineswegs das ersehnte Glück gebracht hat. Und so hebt – im Grunde gar nicht weiter erstaunlich – ein alter deutscher Hader, ein alter innerdeutscher Streit erneut an. Und dieser enthält ohne Zweifel das Potential einer Wende nach rechts.

Christian Schmidt-Häuer

Die verlorene Idee von der Ordnung der Dinge

Bis heute, so sagt Professor Wadim Sobakin, Leiter der Abteilung für Internationales Recht beim Verfassungsgericht in Moskau, »beendigt die Verletzung des Rechts bei uns keineswegs die politische Karriere. Im Gegenteil: Die Karriere erhält dadurch oft einen neuen Schub.« Wie es die Obersten sich richten, davon kündet der Volksmund in vielen Sprichwörtern mit der immer gleichen Moral: »Das Gesetz ist wie eine Deichsel, man wendet, wohin man will.«

Über Jahrhunderte hat sich die Vorstellung verfestigt, daß auf das Recht kein Verlaß ist, ja auch nicht sein darf. »In unseren Köpfen ist das Gericht eine Institution, die Menschen hinter Gitter bringt. Unsere Demonstrationen sind heute so frei, daß die führenden Politiker in alle Ewigkeit verdammt und alle Güter dieser Erde gefordert werden. Aber haben Sie schon mal ein Transparent gesehen, auf dem ein freies Gericht verlangt wird? Das Bewußtsein dafür, daß die Gerichte eine unabhängige Macht sein müssen, die sich sogar dem Staat widersetzt, fehlt gerade dort am meisten, wo wir es am dringendsten brauchten: in den Fabriken und Kasernen, auf den Straßen und Märkten, überall, bei unserem ganzen Volk.«

Der das sagt, ist Jurij Feofanow. Sein kahler Schädel taucht immer dann auf, wenn die Schlachten der Volksdeputierten im Kreml den Höhepunkt erreichen, und er ziert die Fotos neben den besten juristischen Kolumnen der russischen Presse. Als Chefredakteur der Zeitschrift »Sakon« (Gesetz) und Kommentator der »Iswestija« kämpft er für die Erweiterung des allgemeinen Rechtsbewußtseins.

Die »Iswestija«, das Ruhmes-Blatt des Reformkurses, gibt es an jedem Kiosk, doch »Sakon« muß man in Moskau wie die berühmte Stecknadel suchen. Neben diesen beiden Blättern ist die Wirtschaftszeitung »Kommersant« zu nennen, die eine feste Rubrik mit Berichten über die Entscheidungen der Schiedsgerichte eingeführt hat: ein erster Schritt zur Aufklärung über Wirtschaftsrecht. Über die permanenten Veränderungen des Steuerrechts, über die Bedingungen für Geschäftsgründungen und ähnliche Themen informieren die Wirtschaftsteile einiger Moskauer Zeitungen (die aber in der Provinz nur selten zu finden sind). »Rossijskaja gasjeta«, das Parlamentsblatt, veröffentlicht Dekrete und Gesetze.

Doch solche vereinzelten Bemühungen reichen nicht aus, um den Menschen in der steigenden Flut der Rechtsakte und Reglementierungen Orientierungshilfen zu geben. Je mehr Reglementierungen verkündet wurden, desto weniger Leute hielten sich daran. »Auch in Ihrer Heimat wissen die Menschen im großen und ganzen nicht viel Allgemeines über das Recht«, sagt Professor Michail Piskotin, der schon vor Gorbatschow mit seinem Buch »Sozialism i gosudarstwennoje uprawljenije« (Sozialismus und staatliche Verwaltung) viele Dogmen in Frage gestellt hatte und für die Abschaffung der Befehlswirtschaft eingetreten war. »Doch was die Bürger im Westen persönlich betrifft, das wissen sie, das erfahren sie schnell. In jedem Buchladen können sie sich ein Bändchen über die für sie gerade wichtigen Rechtsregeln kaufen oder bestellen. Bei uns dagegen bekommen Sie in der ganzen Stadt nicht einmal die Verfassung mit ihren Ergänzungen.«

Und die Presse – mit Ausnahme der erwähnten Blätter – stellte inzwischen enge Gruppeninteressen über die *glasnostj* (Offenheit), die dem Bürger noch objektive Einsichten vermittelt hatte. Auf das Gros der dort schreibenden Journalisten und Intellektuellen traf zu, was für die Eliten allgemein gilt: Jeder entwickelte seine eigene Lösung, die stets »lückenlose« Beweise enthielt; ähnliche Vorschläge von anderen waren nicht der Rede wert; grundlegend andere Konzeptionen wurden von vorneherein in Bausch und Bogen verdammt. Es war dies eine Elite, die vorerst nicht integrationsfähig erschien, weil sie ihre Ansprüche an Staat und Gesellschaft nicht zu differenzieren vermochte. Sie drängte ihre Moral auf, ohne Rücksicht auf das Recht der Andersdenkenden. Sie war damit noch weit entfernt von Johann Gottlieb Fichtes Imperativ, daß jeder nur auf die Legalität des anderen, keineswegs aber auf seine Moralität Anspruch habe.

Die alte Elite war mechanisch dem ideologischen Grundsatz

gefolgt, daß der Staat erkannt habe, was rechtens sei. Zweckmäßigkeit ging über Rechtmäßigkeit. Rechtsvorschriften formulierten im Prinzip nach, was der Staat für richtig hielt. Jedes Verfahrensgesetz beruhte auf der Grundlage des »sozialistischen Rechtsbewußtseins«. Professor Elmar Giemulla von der internationalen Anwaltssozietät Frères Cholmeley, der Rußland und die Ukraine nach dem Ende der UdSSR bei der Ausarbeitung neuer Luftfahrtgesetze beriet, stellte fest: »Die Vorstellung, daß Gesetze allgemeinverbindlich sind, hat viele Köpfe noch nicht erreicht. Überall versucht man weiter, in die Gesetze hineinzuschreiben: ›Dies ist verbindlich für alle Behörden, Institutionen, Bürger etc....‹ Und dementsprechend tauchen in Gesetzestexten dann auch Ausnahmeklauseln auf, wonach der Präsident das Gesetz per Erlaß verändern könne.«

Entsprechend groß waren oft die Widerstände und die Widersprüche, mit denen Gesetze zustande kamen und in Kraft gesetzt wurden. Unzureichend war die professionelle Qualität der ohnehin wenigen Juristen in der Legislative, und an der Ausarbeitung mancher Gesetze waren unmittelbar überhaupt keine Juristen beteiligt. So wurden für das Gesetz über die lokale Selbstverwaltung nur gelegentlich Rechtsexperten zu den Beratungen hinzugezogen – entsprechend fiel das Gesetz dann aus.

Im Chaos der Tagesordnungen und in der Flut der Gesetzesentwürfe ersetzten separate emotionale Bekenntnisse allzuoft die Erkenntnis der Zusammenhänge. Der permanente politische Kampf auf Kosten professioneller Kompetenz führte zu Einlagen, die ich von der Parlamentstribüne im Weißen Haus an der Moskwa immer wieder beobachtet habe: Bei Entscheidungen in aufgeputschter Stimmung drückten Abgeordnete ungeniert und gleich reihenweise auf die Knöpfe der elektronischen Abstimmungsgeräte ihrer gerade abwesenden Kollegen.

Bei solchem Wildwuchs kamen Gesetze zustande, die einander ausschließende Vorschriften enthielten. Oder aber Gesetzentwürfe legten – als Folge verschiedener Sitzungen – ein und dieselbe Norm völlig anders aus. Das Parlament verabschiedete sie dennoch, und die Sachverständigen im Ausschuß für Gesetzgebung rauften sich die Haare. Sie mußten sogar die Erfahrung machen, daß vom Obersten Sowjet verabschiedete Gesetze bei ihrer Veröffentlichung im Gesetzblatt mit noch nachträglich eingefügten Korrekturen erschienen.

So schrieben Gesetzgeber und Vertragspartner Anarchie und Absurditäten fort, auf die sie reagieren mußten. Da galt es, dem Westen für das in Aussicht gestellte 24-Milliarden-Dollar-Paket guten Willen zu beweisen und schnell ein paar liberale Gesetze zu schmieden – obwohl mit ihnen die Realität in Rußland nie zu »beschlagen« war, was jedermann auch wußte.

Und da galt es, die sich auflösende Verkehrsdisziplin neu zu ordnen. Autos fahren trotz roter Ampeln über die Kreuzungen; immer mehr schrottreife Wagen haben nur noch halbe Armaturenbretter oder Kisten statt Sitzen. Die Zunahme der Autodiebstähle folgte der Inflationsrate. Wie sahen die gesetzlichen Maßnahmen aus? Die Verkehrspolizei arbeitete verschärfte Regelungen aus, die das Parlament als Novellen zum Strafrecht und zum Verwaltungsrecht in erster Lesung verabschiedete. Präsident Jelzin wies sie zu Recht als verfassungswidrig zurück, weil sie in eklatanter Weise Eigentumsrecht, Unschuldsvermutung, Rechtsschutz und Klagerecht verletzten. (Der hier beginnende Schleichweg zum Polizeistaat soll später noch genauer nachgezeichnet werden.) Trotzdem verabschiedete das Parlament die Novellen am 24. Dezember 1992 ohne jede Änderung. Der Stellvertretende Innenminister Kulikow hatte die Deputierten im Plenarsaal zuvor davon überzeugt, daß den Präsidenten »irgendwelche Leute aus seiner Umgebung auf den Holzweg geführt« hätten.

Nun hat der Satiriker Nikolaj Saltykow-Schtschedrin schon im 19. Jahrhundert festgestellt: »Die außerordentliche Strenge der russischen Gesetze wird dadurch stark gemildert, daß ihre Durchführung nicht obligatorisch ist.« Leider galt dies beim jetzigen Reformversuch auch umgekehrt – für die besseren oder vom Volk begrüßten Gesetze. So brachte der 1. Januar 1993 Rußlands Bürgern endlich die gesetzlich verankerte Reisefreiheit. Frei reisen konnten sie deshalb aber noch nicht – die neuen Pässe für die ungehinderte Fahrt ins Ausland waren nicht fertig. Für die alten Pässe blieben weiter Ausreisevisa erforderlich, und dafür mußte man Schlange stehen. Warum waren die neuen Pässe nicht fertig geworden? Weil das uns schon vertraute Wappen mit Hammer, Sichel und dem Proletarierspruch nicht aus seinem verschwiegenen

Plätzchen in der Verfassung hervorgeholt und auf den schönen blitzblanken Pässen mit ins Ausland reisen sollte. Diesen Anblick wollten selbst die Behörden niemandem mehr zumuten. Doch in dieser Lage nur das Wort »Rußland« ohne jedes Obrigkeitssiegel auf den Paß zu drucken – das wieder war ihnen zunächst einmal noch zuviel der Freizügigkeit.

Neben den Gesetzen, die in Kraft traten, aber nicht oder nur verzögert wirksam wurden (das neue Gesetz über die Regelungen bei Konkurs gehörte dazu), gab es auch die umgekehrte Variante. In Rußland existierte kein Gesetz über Staatsgeheimnisse, aber im Strafgesetzbuch stand ein Paragraph, der ihre Preisgabe unter Strafe stellte. In Rußland gab es keine Atomgesetzgebung und als Folge keine Rechtsgrundlage für die Nutzung der Atomenergie und Entsorgung von Atomanlagen, weshalb bislang auch der Einfuhr und Endlagerung westlichen Atommülls im Prinzip nichts entgegenstand.

Doch auch wenn Gesetze da waren: Erst kam das Geld, dann die Legalität. Mit Beginn des Jahres 1992 schlug die Behörde für Dienstleistungen für das diplomatische Corps (UPDK) den Ausländern in Moskau 28 Prozent Mehrwertsteuer auf ihre Mieten – in Devisen. Hier nun war das Gesetz da, das Wohnungsmieten ausdrücklich von der Mehrwertsteuer ausnahm. Viele Ausländer zahlten den Zuschlag im ersten Quartal, stellten im zweiten Quartal – nachdem sie sich rechtskundig gemacht hatten – die Zahlung des Zuschlags ein und zogen im dritten Quartal von der Mietsumme die im ersten Quartal entrichtete Mehrwertsteuer wieder ab. Der Vorstoß war also abgewehrt – und das UPDK schwieg zu allem.

Russische Bürger konnten sich weniger Einblick verschaffen. 1992 begann Rußland das offiziell größte Privatisierungsprogramm aller Zeiten für rd. 149 Millionen Menschen – ohne die Regeln dafür bekanntzugeben. Die »wautschery«* wurden schon gedruckt und ausgegeben, während ihr Verwendungszweck noch gar nicht genau definiert, geschweige denn für die Bürger einsichtig war. In dem Erlaß »Über die Einführung des Systems der Privatisierungsschecks« vom 14. August 1992 hieß es im Anhang:

* Neurussisch *wautscher* nach englisch *voucher* = Bon, Gutschein.

»Privatisierungsschecks verwirklichen den Mechanismus der kostenlosen Übergabe... von Vermögen, Aktien... an die Bürger...« (Art. 1). Artikel 2 und 4 hingegen bestimmten, daß die Schecks als »Zahlungsmittel« verwendet werden konnten und daß der Verkäufer der zu privatisierenden Objekte »die Privatisierungsschecks... als gesetzliche Zahlungsmittel entgegennimmt«. Dazwischen stand Artikel 3, demzufolge der »Privatisierungsscheck ein staatliches Wertpapier ist«. Das ganze Mysterium verriet Methode: An den meisten wirklich gewinnbringenden Großunternehmen konnten sich die Bürger am Ende überhaupt nicht beteiligen.

Ein Beispiel dafür, wie beschlossene Gesetze sabotiert wurden, lieferte das Gesetz über die Privatisierung der Wohnungen in Sowchosen, den Staatsfarmen. Nach dem Inkrafttreten des Gesetzes brachte eine Abteilung des Landwirtschaftsministeriums – also eines Exekutivorgans – für ganz Rußland eine Erläuterung in Umlauf, wonach dieses Gesetz die Sowchosen überhaupt nicht betreffe. Da hatte die Lobby der Sowchosdirektoren zugeschlagen. Sie fürchteten um ihre Arbeitskräfte. Denn wenn die Sowchosmitglieder, vor allem im Umkreis der Großstädte, ihre Wohnungen als Eigentum übernähmen und an Städter verkauften, dann konnten sie selbst den Ort verlassen und dem Sowchos als Arbeitskräfte verlorengehen. Es bedurfte erst des Regierungsbeschlusses Nr. 708 vom 4. September 1992, um die Blockierung des betreffenden Gesetzes durch das Landwirtschaftsministerium aufzuheben. Aber viele Sowchosmanager vor Ort werden sich davon wohl nicht sehr beeindrucken lassen.

Daniil Dobschinskij, Sekretär des Parlamentsausschusses für Architektur, Bau-, Wohnungs- und Kommunalwesen, der das Gesetz ausgearbeitet hatte, nannte diesen Umgang mit Menschen eine Fortsetzung des »Leibeigenen-Rechts«. Die Bürger müßten bei einer solchen Behandlung vor Gericht gehen. Das aber taten sie bis heute nicht. Sie schimpften über ihr Elend, schrieben jedes Jahr Hunderttausende von Leserbriefen und schütteten darin ihr Herz aus. Nur: Konkrete Klagen reichten sie nicht ein.

Im Jahre 1991 gab es in der Föderation mit fast 149 Millionen Einwohnern ganze 6500 Klagen gegen Behörden oder Beamte. Das neugegründete Verfassungsgericht wird mit Kummerpost geradezu überschüttet. Der stellvertretende Vorsitzende des Gerichts, Nikolaj Witruk: »Du liest irgendeinen Brief, den wir zugeschickt bekommen haben – und vernimmst einen Seelenschrei! Aber mit Verstößen gegen das Verfassungsrecht haben diese Sorgen selten zu tun. Unsere Mitarbeiter beantworten die Briefe, so gut es bei der Menge noch geht, und erklären im wesentlichen erst einmal die Gesetze.«

Da leben Menschen, leben eher schlecht als recht – und schreiben Briefe an das Verfassungsgericht. Und da sitzen Menschen als Vorboten der Dritten Gewalt im Rußland nach der kommunistischen Gewaltenkonzentration und antworten, indem sie Gesetze erklären. Mit diesem Bild vor Augen können wir uns fragen: Was hat sich verändert, was ist geblieben seit Alexander Herzens beklemmenden Worten über die Russen und das Recht? Herzen schrieb vor nahezu 150 Jahren:

> »Die himmelschreiende Ungerechtigkeit der einen Hälfte der Gesetze hat das Volk dazu gebracht, auch die andere Hälfte zu hassen. Es fügt sich dem Gesetz als Zwang. Die völlige Ungleichheit vor Gericht hat in ihm jeden Respekt vor dem Gesetz abgetötet. Der Russe, ganz gleich in welcher sozialen Stellung, umgeht oder verletzt das Gesetz, wo immer er das ungestraft tun kann. Und die Regierung macht es nicht anders... Was heute bedrückend und traurig ist, wird in der Zukunft ein enormer Vorzug sein. Denn es zeigt sich, daß in Rußland hinter dem sichtbaren Staat keine Idee des Staates, kein unsichtbarer Staat, keine Apotheose der bestehenden Ordnung der Dinge steht.«

Auch heute vertreten aufgeklärte Politiker, Publizisten und Wissenschaftler wieder die Auffassung, daß keine Idee des Staates mehr vorhanden ist, »keine Apotheose der bestehenden Ordnung der Dinge«; doch diesmal sehen sie das nicht als Vorzug an. Für sie zumindest sind alle Illusionen der Befreiung und Erlösung von Volk und Vaterland durch die große soziale oder liberale, in jedem Fall vom ganzen Kollektiv vollzogene Wende verflogen. Es wächst die bittere Erkenntnis, daß »Mechanismen nicht wirksam werden können, die es gar nicht gibt«.

Rußland hat große Europäer und Weltbürger hervorgebracht. Doch dieses Land als ganzes (oder auch als zerfallendes) kann nach Jahrhunderten eines eigenen Weges nicht in ein paar Jahren auf westliche Normen umgestellt werden: weder mit Geld und Gemeinschaftsunternehmen noch mit Hilfe von Computern oder Consulting, Monetaristen oder Managern. Rußland wird auf Jahre nichts erspart bleiben. Und dem Westen wird es nicht viel besser ergehen, wenn er nicht in vollem Umfang und mit ernsten Konsequenzen erfaßt, was die zaristische und kommunistische Erblast einer despotischen Staats- und Rechtsauffassung heute dem russischen Volk abverlangt.

Unsere Vorstellungen sind davon geprägt, daß die neueren Imperien Europas auf der Höhe ihrer Zeit waren oder zumindest durch ihre geographische Lage auf diese Höhe rückten (wie die Überseemacht Portugal), bevor sie durch ihre imperialistische Überlastung in Krieg (wie das Habsburger-Reich) oder Frieden (wie das British Empire) ein plötzliches oder pragmatisches Ende fanden. Wir wissen – dies ist immerhin eine Annäherung an Rußland –, wie sehr die habsburgischen Kriege und die Gegenreformation die militärische und religiöse Ausrichtung der spanischen Gesellschaft verfestigten und ihre wirtschaftliche Entwicklung schwächten.

Wofür unsere Erfahrung hingegen nicht ausreicht, das ist der nach außen noch immer zivilisierte, nach innen weithin unkontrollierte Verfall eines Großreichs, das über Jahrhunderte die riesigen eurasischen Entwicklungsräume einer Agrargesellschaft ohne städtische Zünfte und bürgerliche Wertordnungen zu technischer Modernisierung zu treiben versuchte. Zu einer Modernisierung, die sein Machtstreben in Europa und der Welt verlangte. Dieses Reich hat nicht nur ein politisches Machtvakuum hinterlassen wie andere Imperien auch, sondern macht- und rechtlose Bürger.

Es sind verzweifelte Millionen, deren Vorfahren von den Romanows und von den Revolutionären über Generationen hinweg nur zu kollektivem Heroismus oder verblüffenden Einzelleistungen ohne Rücksicht auf die Kosten »erzogen« wurden, nicht aber zu privatem Einsatz und präzisem Tagewerk. Es waren Generationen, die nach dem traditionellen dörflichen Muster der Selbstkontrolle und der Selbstbeschränkung »dienten« – unter Konsumverzicht und Prügelstrafe, bis hin zu Stalins unfaßlichen Menschenopfern auf den Altären der Industrialisierung und Militarisierung.

Rußlands heute rechtlose Freiheit wird uns erst in ganzem Umfang bewußt, wenn wir einen Blick zurückwerfen auf die Entstehung des westlichen Rechtsdenkens und die Entwicklung der Moskauer Vorstellungen von Staat und Gesetz. Der Vergleich wird – soviel sei hier vorweggenommen – auch zeigen, was Rußland zur Gestaltung seiner Gegenwart vor allem fehlt: die Geschichtlichkeit des Rechts. Und diese ist in Westeuropa – trotz aller barbarischen Rückfälle – seit vielen Jahrhunderten von einer Idee geprägt worden, die Rußland nie wirklich erreicht hat. Es ist die Idee, daß das Recht den politischen Autoritäten übergeordnet sein müsse.

QUELLENNACHWEIS

I. REALITÄTEN DES MENSCHSEINS – LEBEN UND ÜBERLEBEN

Elisabeth Badinter: X Y – Die Identität des Mannes. Aus dem Französischen von Inge Leipold. 1993, S. 216–225

Christiaan Barnard: Das zweite Leben. Die Erinnerungen des weltberühmten Herzchirurgen. Herausgegeben von Chris Brewer. Aus dem Englischen von Inge Leipold. Mit 13 Abbildungen. 1994, S. 290–292

Carolyn P. Cowan/Philip A. Cowan: Wenn Partner Eltern werden. Der große Umbruch im Leben eines Paares. Aus dem Amerikanischen von Hainer Kober. 1994, S. 209–212

George Eisen: Spielen im Schatten des Todes. Kinder und Holocaust. Aus dem Amerikanischen von Friedrich Griese. 1993, S. 156–163

Heiko Ernst: Die Weisheit des Körpers. Kräfte der Selbstheilung. 1993, S. 85–93

Friedrich Graffe/Helmut Braun: Das Altenheim als Stadtteilzentrum. Modell Hl. Geist. In: Christian Ude (Hg.): Münchner Projekte. Die Zukunft einer Stadt. Serie Piper aktuell 1848, 1993, S. 185–187

Dalma Heyn: Die heimliche Lust. Der Mythos von der weiblichen Treue. Aus dem Amerikanischen von Brigitte Stein. 1993, S. 166–171

Gidon Kremer: Kindheitssplitter. 1993, S. 90–99

Jean Ziegler: Wie herrlich, Schweizer zu sein. Aus dem Französischen von Thorsten Schmidt. 1993, S. 59–60

II. DIE WELT BEGREIFEN – ERKENNTNIS UND DEUTUNG

Hannah Arendt: Zwischen Vergangenheit und Zukunft. Übungen im politischen Denken I. Herausgegeben von Ursula Ludz. Serie Piper 1421, 1994, S. 83–87

Claus Helmut Drese: Im Palast der Gefühle. Erfahrungen und Enthüllungen eines Wiener Operndirektors. Mit 32 Abbildungen auf Tafeln. 1993, S. 117–120

John C. Eccles: Wie das Selbst sein Gehirn steuert. Aus dem Englischen von Malte Heim. 1994, S. 260–262

Ernst Mayr: ...und Darwin hat doch recht. Charles Darwin, seine Lehre und die moderne Evolutionstheorie. Aus dem Englischen von Inge Leipold. Mit 18 Abbildungen. Serie Piper 1959, 1994, S. 89–93

Ilya Prigogine/Isabelle Stengers: Das Paradox der Zeit. Zeit, Chaos und Quanten. Aus dem engl. Manuskript übers. von Friedrich Griese. Mit 60 Abbildungen. 1993, S. 62–66

Volker Sommer: Homosexualität und Evolution. Perspektiven der modernen Verhaltensbiologie. In: Ernst Peter Fischer (Hg.): Neue Horizonte 93/94. Serie Piper 1779, 1994, S. 60–67

III. VOM UMGANG MIT DER WELT – VERANTWORTLICHES HANDELN ALS CHANCE

Franz Alt: Die Sonne schickt uns keine Rechnung. Die Energiewende ist möglich. Mitarbeit: Brigitte Alt. Serie Piper aktuell 1951, 1994, S. 111–119

Roland Berger/Hans-Gerd Servatius: Die Zukunft des Autos hat erst begonnen. Ökologisches Umsteuern als Chance – In Zusammenarbeit mit Anita Krätzer. 1994, S. 121–124

Robin Clarke: Wasser. Die politische, wirtschaftliche und ökologische Katastrophe – und wie sie bewältigt werden kann. Aus dem Englischen von Maria Buchwald. Serie Piper 1993, 1994, S. 103–109

Monika Griefahn: Weil ich ein Lied hab'. Die Politik einer Umweltministerin. In Zusammenarbeit mit Anne Buhrfeind. 1994, S. 134–141

Kenneth S. Norris: Die Zeit der Delphine. Leben und Überleben einer bedrohten Art. Aus dem Amerikanischen von Manfred Jansen. Mit Vignetten, einem Daumenkino und 27 Abbildungen. 1994, S. 11–15

Martin Runge: Milliardengeschäft Müll. Vom Grünen Punkt bis zur Müllschieberei. Argumente und Strategien für eine andere Abfallpolitik. Serie Piper aktuell 1859, 1994, S. 181–185

Johano Strasser (Hg.): Die Wende ist machbar. Realpolitik an den Grenzen des Wachstums. Serie Piper aktuell 1912, 1994, S. 218–223

Ernst-Ludwig Winnacker: Am Faden des Lebens. Warum wir die Gentechnik brauchen. Mit 8 Farbtafeln und 17 Abbildungen im Text. 1993, S. 242–249

IV. MITEINANDER – GEGENEINANDER ÜBERGÄNGE UND UMBRÜCHE

Masao Abe: Menschenrechte und religiöse Freiheit aus der Sicht des Buddhismus. In: Hans Küng/Karl-Josef Kuschel (Hg.): Weltfrieden durch Religionsfrieden. Antworten aus den Weltreligionen. Serie Piper 1862, 1993, S. 124–131

Irenäus Eibl-Eibesfeldt: Wider die Mißtrauensgesellschaft. Streitschrift für eine bessere Zukunft. Mit 21 Abbildungen. 1994, jetzt Serie Piper aktuell 2173 (1995), S. 124–130

Wolfgang Fikentscher: Demokratie. Eine Einführung. Serie Piper 1828, 1993, S. 55–63

Jörg Friedrich: Das Gesetz des Krieges. Das deutsche Heer in Rußland 1941–1945. Der Prozeß gegen das Oberkommando der Wehrmacht. Mit 2 Vorsatzkarten von Jutta Winter. 1993, S. 253–258

Hans Küng: Große christliche Denker. 1994, S. 177–184

Rudolf Scharping: Was jetzt zu tun ist. 1994, S. 51–59

Thomas Schmid: Rechtsradikalismus im vereinten Deutschland. In: Ulrich Wank (Hg.): Der neue alte Rechtsradikalismus. Serie Piper aktuell 1857, 1993, S. 126–135

Christian Schmidt-Häuer: Rußland in Aufruhr. Innenansichten aus einem rechtlosen Reich. 1993, S. 47–55

DIE AUTOREN

Masao Abe, geboren in Japan, führender Interpret des Zen-Buddhismus im Westen, war Professor in Nara/Japan, zuletzt Professor für Buddhistische Philosophie an der Perdue University, West Lafayette/Indiana.

Franz Alt, geboren 1938 in Untergrombach bei Bruchsal, war von 1968–1991 Redakteur und Reporter beim Südwestfunk in Baden-Baden; seit 1992 zusammen mit Wilhelm von Sternburg Leiter und Moderator der ARD-Zukunftsreihe »Zeitsprung«.

Hannah Arendt, geboren 1906 in Hannover, gestorben 1975 in New York. 1933 Emigration. 1963 Professorin an der University of Chicago, war seit 1968 an der New School for Social Research in New York.

Elisabeth Badinter, geboren 1944 in Boulogne-Bilancourt, Professorin für Philosophie an der Ecole Polytechnique in Paris. Studien zur Soziologie der Familie u. a.

Christiaan Barnard, geboren 1922 in Beaufort West (Südafrika), Studium der Medizin. Nach einem Forschungsaufenthalt in Minnesota (USA) Spezialisierung auf Herzforschung und Chirurgie am offenen Herzen. 1967 Leitung der ersten erfolgreichen Herztransplantation. Lebt in Kapstadt.

Roland Berger, geboren 1938, Diplomkaufmann, ist geschäftsführender Gesellschafter der Roland Berger & Partner GmbH, International Management Consultants.

Helmut Braun, geboren 1948, stellvertretender Leiter der städtischen Altenhilfe der Landeshauptstadt München, Dipl. soz. Gerontologe, Vizepräsident der Deutschen Gesellschaft für Gerontologie und Geriatrie; 1992 Träger des Gerontologie-Preises Bad Kissingen.

Robin Clarke, geboren 1937 in Bedford/England, Studium der Mathematik, Physik und Chemie in Cambridge, anschließend Wissenschaftsjournalist u. a. für die Encyclopedia Britannica und das Science Journal. Danach Arbeit für die UNESCO, seit 1987 Arbeit als Verleger.

Carolyn P. Cowan, geboren in Toronto, Pädagogin und Psychologin, lehrt an der University of California, Berkeley.

Philip A. Cowan, geboren in Toronto, Professor für Psychologie und ehemaliger Leiter der Abteilung für Klinische Psychologie an der University of California, Berkeley.

Claus Helmut Drese, geboren 1922 in Aachen, Studium der Germanistik, Philosophie und Anglistik. Engagements als Intendant und Direktor u. a. in Mannheim, Wiesbaden, Köln, Zürich. 1986–91 Direktor der Wiener Staatsoper, seither freier Regisseur.

John C. Eccles, geboren 1903 in Melbourne, Professuren in Otago, Canberra und Buffalo. 1963 Nobelpreis für Medizin.

Irenäus Eibl-Eibesfeldt, geboren 1928 in Wien, Professor für Zoologie in München, Leiter der Forschungsstelle für Humanethologie der Max-Planck-Gesellschaft in Andechs und des Ludwig-Boltzmann-Instituts für Stadtethologie in Wien.

George Eisen, geboren 1943 in Budapest, wuchs auf in Ungarn, Israel und den USA. Studium der Geschichte, Soziologie, Sozialpsychologie und Sportwissenschaften. Professor für Soziologie des Sports in Kalifornien.

Heiko Ernst, geboren 1948 in Rastatt/Baden. Studium der Psychologie. Seit 1979 Chefredakteur der Zeitschrift »Psychologie heute«.

Catarina Felixmüller, lebt als Journalistin in Hamburg.

Wolfgang Fikentscher, geboren 1928, ordentlicher Professor für Bürgerliches Recht an der Universität München. War beratend für die Bundesregierung, die EG und die UNCTAD tätig.

Jörg Friedrich, geboren 1944, freier Journalist mit Schwerpunkt: Untergang des NS-Staates und Wechsel in die Bundesrepublik. Lebt in Berlin.

Friedrich Graffe, geboren 1947 in Münster/Westfalen, Studium der Rechtswissenschaften, seit 1993 Sozialreferent der Landeshauptstadt München.

Monika Griefahn, geboren 1954 in Mülheim/Ruhr, Studium der Mathematik und Sozialwissenschaften, seit 1980 bei Greenpeace und seit 1990 Umweltministerin von Niedersachsen.

Dalma Heyn, geboren in New York, Journalistin. Monatliche Kolumne »The Intelligent Woman's Guide to Sex« in der Frauenzeitschrift »Mademoiselle«.

Gidon Kremer, geboren 1947 in Riga, Studium (Violine) am Tschaikowski-Konservatorium bei David Oistrach in Moskau. Mehrere internationale Preise. Musiziert heute auf allen Podien der Welt mit den bedeutendsten Dirigenten. Initiator des 1981 gegründeten Kammermusik-Festivals in Lockenhaus/Burgenland.

Hans Küng, geboren 1928 in Sursee (Kanton Luzern), ist seit 1980 fakultätsunabhängig Professor für ökumenische Theologie und Direktor des Instituts für Ökumenische Forschung an der Universität Tübingen.

Ernst Mayr, geboren 1904 in Kempten, war von 1953 bis 1975 Professor an der Harvard University, dort von 1961 bis 1970 auch Direktor des Museum of Comparative Zoology.

Kenneth S. Norris, geboren 1924 in Angkor Wat (Kambodscha), Studium der Biologie, lebt als (em.) Professor für Naturgeschichte am Long Marine Laboratory der Universität Santa Cruz/Kalifornien. Weltweit anerkannt als Fachmann für Delphine und Wale.

Ilya Prigogine, geboren 1917 in Moskau, ist seit 1950 Professor für Physikalische Chemie in Brüssel und seit 1967 auch Direktor des »Center for Statistical Mechanics« in Austin/Texas. 1977 Nobelpreis für Chemie.

Martin Runge, geboren 1958 in Dachau, Dr. oec. publ., ist Mitarbeiter an der wirtschaftswissenschaftlichen Fakultät der Universität München und Kommunalpolitiker. Lebt als langjähriger Müllreferent eines Landkreises in Gröbenzell bei München.

Rudolf Scharping, geboren 1947 in Niederelbert/Westerwald, Studium der Politischen Wissenschaften. Seit 1975 Landtagsabgeordneter in Rheinland-Pfalz, seit 1991 Ministerpräsident von Rheinland-Pfalz und seit 1993 Bundesvorsitzender der SPD und Kanzlerkandidat.

Thomas Schmid, geboren 1945 in Leipzig, Studium v. a. der Germanistik, dann Redakteur, Verlagslektor und freier Autor. Leitet das Ressort Kultur bei der »Wochenpost«.

Christian Schmidt-Häuer, geboren 1938 in Hannover, lebt als Korrespondent der »Zeit« in Moskau, gehört seit Jahren zu den führenden Osteuropa-Experten.

Hans-Gerd Servatius, geboren 1952, Dr. rer. pol. habil. Dipl.-Ing.; Partner der Unternehmensberatung Roland Berger & Partner in Düsseldorf.

Volker Sommer, geboren 1954 in Holzhausen am Reinhardswald, Privatdozent für Anthropologie und Primatologie an der Universität Göttingen, arbeitet gegenwärtig als Heisenberg-Stipendiat der Deutschen Forschungsgemeinschaft an der Universität von Kalifornien in Davis.

Isabelle Stengers, geboren 1949 in Brüssel, Chemikerin und promovierte Philosophin, ist Mitarbeiterin von Ilya Prigogine.

Johano Strasser, geboren 1939, Dr. phil., war Hochschullehrer für Politologie, jetzt freier Autor. Viele Jahre lang in wichtigen Funktionen der SPD.

Ernst-Ludwig Winnacker, geboren 1941 in Frankfurt am Main, Studium der Chemie und Biochemie, seit 1977 Professor für Biochemie an der Universität München, seit 1984 auch Leiter des dortigen Genzentrums. Seit 1989 Gastprofessor an der Harvard Medical School.

Jean Ziegler, geboren 1936 in Genf, Professor für Soziologie an der Universität Genf und am dortigen Institut für Entwicklungsstudien; zugleich Professeur associé an der Universität Paris I/Sorbonne. Nationalrat (Abgeordneter) im Parlament der Eidgenossenschaft. Autor zahlreicher Bücher, vor allem über die Dritte Welt.